Découvrez l'histoire par les archives de presse

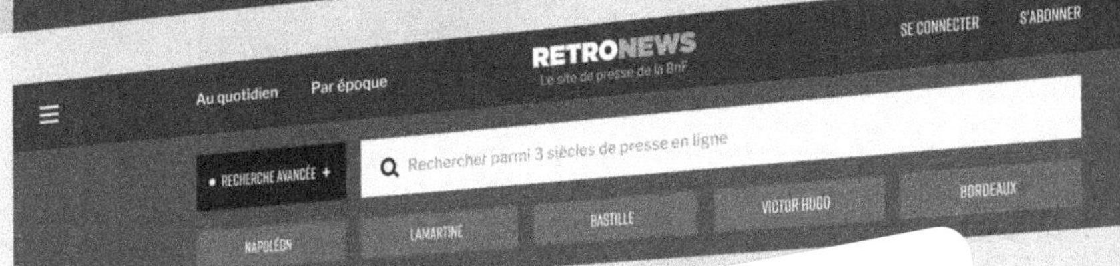

RETRONEWS

Le site de presse de la BnF

www.retronews.fr

Société Philomatique.

I.

MINISTÈRE DE L'INSTRUCTION PUBLIQUE ET DES BEAUX-ARTS
BIBLIOTHÈQUE
DES
SOCIÉTÉS
SAVANTES

La Société déclare n'approuver ni improuver les opinions émiscs dans les travaux qu'elle publie; elles appartiennent à leurs auteurs, qui en sont seuls garans.

BULLETIN

DE LA SOCIÉTÉ

PHILOMATIQUE

De Perpignan

(1834.)

Première année de sa fondation.

TOME PREMIER.

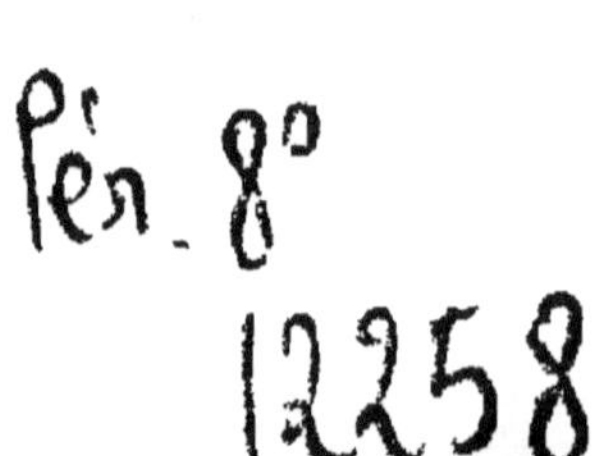

PERPIGNAN.

IMPRIMERIE DE JEAN-BAPTISTE ALZINE.

*

1835.

Pér. 8°

12258

BULLETIN

DE

LA SOCIÉTÉ PHILOMATIQUE

DE PERPIGNAN.

Discours sur la Société,

Par **M. FARINES**, *vice-président.*

L'Homme, constamment poussé par son instinct *au plus-connaître*, et cherchant la réalisation du *mieux-être*, obéit aux impressions instinctives de son esprit et de son cœur, et dirige tous ses efforts à dépasser les limites de toutes les connaissances acquises. Soutenu dans ce travail pénible et laborieux par l'espoir d'augmenter la somme de bien-être de ses semblables, il est capable de faire les plus grands sacrifices: ni perte de tems, ni veilles, ni contrariétés, rien ne l'arrête dans son généreux élan; et, n'ambitionnant d'autre récompense que celle d'*avoir contribué au bien de l'humanité*, il lui suffit de l'approbation et des suffrages flatteurs des hommes qui partagent les mêmes affections, et de ceux qui, sans les partager, n'en sont pas moins animés du saint amour d'une philantropique nationalité! et, nous aimons à le dire, et nous éprouvons une douce émotion à le répéter, cette *approbation* n'a jamais manqué à ceux qui l'ont méritée!... Mais l'homme isolé ne peut produire des travaux aussi importans que lorsqu'il y a efforts de communauté : c'est de ce besoin de communication entre les hommes qui ont un même but, que sont nées les associations ; c'est par l'association que l'humanité progresse ; c'est de l'ensemble de collaboration que jaillissent les rayons les plus purs et les plus brillans des sciences civilisatrices; les hommes que les mêmes goûts rassemblent, s'entendent facilement et s'enthousiasment de même, et c'est par l'enthousiasme de la gloire et du bien de l'humanité, que s'accomplissent les plus grandes choses, et que s'obtiennent les résultats les plus utiles et les plus progressifs.

C'est particulièrement dans les contrées méridionales, où l'imagination active et créatrice n'a besoin que de s'exalter pour produire, que les réunions sont utiles. Les sociétés excitent le zele et encouragent le mérite; c'est en excitant leur émulation que certains hommes se produisent et développent des talens jusque là ignorés, et qui ne se seraient jamais manifestés sans les associations; c'est en indiquant le bien à faire qu'on fait naître l'idée de faire le bien. Notre département possède tous les élémens propres à la culture des sciences et des lettres; il ne s'agit que de rapprocher les hommes et de les mettre en échange de communications. C'est dans ce but, c'est dans cet espoir qu'a été fondée la *Société Philomatique;* l'esprit qui a présidé à sa création a été principalement l'étude et l'exploration de notre sol, sous le triple aspect scientifique, agricole et industriel, sans pour cela négliger le développement des autres sciences de l'esprit. Pour atteindre et perfectionner le résultat dé cette idée, toute d'avenir et de philantropie, êntr'autres moyens, il était indispensable de réunir les matériaux qui doivent servir à l'étude physique des diverses parties comprises dans ces deux mots, *sciences* et *industrie* : c'est ce qui a été parfaitement compris par la Société, qui, dès sa première séance, décida que des collections seraient formées. En mettant les objets utiles, tout comme les objets curieux, sous les yeux de ses membres, elle espère faire naître et propager le goût des recherches et le désir de se rendre utile, pensée dominante des fondateurs de la Société.

Notre département, très peu connu jusqu'à présent et, pour ainsi dire, ignoré des hommes progressifs, ne figure que pour une bien faible part dans les fastes du rapide avancement qui a eu lieu dans toutes les branches des connaissances humaines. Les rayons du grand foyer de centralisation sont rarement arrivés jusqu'à lui, et ne l'ont éclairé que faiblement. L'époque de l'émancipation intellectuelle des provinces est venu; c'est assez faire comprendre que c'est aux enfans du Roussillon qu'appartient la gloire de faire connaître le Roussillon, et de préparer, par ce moyen, les voies d'amélioration de la position de tous, et l'augmentation de la somme de bien-être du plus grand nombre.

Riche en productions naturelles de tous genres, le département des Pyrénées - Orientales offre un vaste champ d'observations utiles aux sciences et à l'industrie, et dont beaucoup pourront être susceptibles de productives applications.

De nombreux restes d'antiques monumens, d'antiques habitations et d'objets qui s'y rattachent, rappelant des époques plus ou moins reculées, offrent à l'archéologue de nombreux sujets de méditation, et de précieux documens pour l'histoire du pays.

La variété du sol, la diversité de température de ses différentes parties, la position physique et la douceur du climat du Roussillon, sont autant de motifs pour que l'agriculture y prenne un favorable développement; mais plusieurs causes ont retardé jusqu'ici toute amélioration; et à quelques faibles exceptions près, l'ornière de la routine est le manuel d'agriculture de ce département. Les principaux obstacles à l'avancement du système agronomique, sont: la multiplicité des insectes qui dévorent tous les ans plusieurs récoltes, les inondations heureusement rares, mais funestes, et la sécheresse presque de tous les ans, qui, en appauvrissant et atrophiant les végétaux, réduit le produit au-dessous des déboursés. Toutes ces calamités, ruineuses pour les petits propriétaires et décourageantes pour les agronomes, sont un obstacle à l'introduction d'une foule de procédés nouveaux d'une utilité reconnue, et au perfectionnement des méthodes. Mais aujourd'hui une ère de prospérités commence à luire; et la propagation des fontaines artésiennes nous fait espérer, pour notre agriculture, une face de progrès et une source de richesses promptement réalisables, si les principaux intéressés, si les plus intéressés comprennent bien cet avenir, comme déjà plusieurs de leurs concitoyens leur en offrent l'exemple.

Fidèle à sa mission d'UTILITÉ PUBLIQUE, la *Société Philomatique* doit consacrer une partie de sa sollicitude à la multiplication des forages artésiens, à des expérimentations pour parvenir à détruire, sinon totalement, du moins à réduire considérablement, le nombre des insectes destructeurs; elle doit s'occuper de toutes les améliorations à introduire dans notre département. Enfin, tout ce qui tient à la prospérité locale et à la gloire de notre pays, doit être et sera l'objet de ses recherches et de ses investigations.

Physique.

TABLE

correspondante des poids spécifiques des liquides avec les degrés de l'aréomètre de Baumé , pour la température ordinaire.

Par M. **CAYROL**, *membre correspondant à Turin.*

Degrés.	Densités.	Degrés.	Densités.	Degrés.	Densités.
0	1,0000	25	1,2100	50	1,5314
1	1,0068	26	1,2202	51	1,5477
2	1,0135	27	2,0304	52	1,5641
3	1,0206	28	1,2402	53	1,5802
4	1,0273	29	1,2511	54	1,5970
5	1,0344	30	1,2620	55	1,6149
6	1,0417	31	1,2731	56	1,6336
7	1,0495	32	1,2843	57	1,6526
8	1,0574	33	1,2961	58	1,6717
9	1,0648	34	1,3080	59	1,6910
10	1,0733	35	1,3205	60	1,7106
11	1,0813	36	1,3333	61	1,7389
12	1,0899	37	1.3459	62	1,7555
13	1,0966	38	1,3587	63	1,7783
14	1,1033	39	1,3722	64	1,0810
15	1,1101	40	1,3858	65	1,8239
16	1,1205	41	1,3990	66	1,8471
17	1,1309	42	1,4148	67	1,8715
18	1,1414	43	1,4268	68	1,8953
19	1,1510	44	1,4410	69	1,9220
20	1,1606	45	1,4547	70	1,9486
21	1,1704	46	1,4697	71	1,9738
22	1,1802	47	1,4847	72	2,0000
23	1,1900	48	1,5000		
24	1,2000	49	1,5160		

Ayant eu occasion d'observer que la *table* qui se trouve dans le *dictionnaire technologique*, à l'article *aréomètre*, ainsi que celle publiée par M. Thillaye dans son *manuel du fabricant de produits chimiques*, étaient inexactes, et contenaient des erreurs notables, j'ai calculé celle qui précède, qui m'a donné des résultats toujours positifs, depuis plus de six mois que je m'en sers.

NOTE

SUR LES EFFETS D'UN ORAGE,

*Par M. **BOISGIRAUD**, professeur de chimie à Toulouse,*

correspondant de la Société, etc.

(Extrait de la Correspondance.)

A la suite d'un orage épouvantable qui eut lieu dans cette ville, le 8 juillet dernier, à huit heures de matin, en ramassant des grêlons comme des œufs de poule, dans mon jardin, je remarquai une prodigieuse quantité de *melolontha fullo* et de *clitus detritus* qui étaient tapis contre le mur. Cette grêle, qui a été limitée presque à la ville de Toulouse, a cassé, d'après l'évaluation de l'architecte de la ville, pour 60 à 80 mille francs de carreaux de vitres. Ces grêlons singuliers avaient tous un noyau neigeux, et étaient extérieurement hérissés de pointes nombreuses. — Leur chute a duré cinq à six minutes.

****

Géologie.

NOTICE

SUR UN GISEMENT DE LIGNITE

NOUVELLEMENT DÉCOUVERT A PAZIOLS (Aude),

Par M. FARINES.

L'optimiste qui a dit qu'une loi de compensation présidait à tous les phénomènes de la nature, semble l'avoir prise sur le fait. Si nous considérons philosophiquement l'ensemble et le résultat de tout ce qu'on est dans l'habitude d'appeler malheurs, catastrophes, on arrive à cette conclusion : qu'il n'y a pas de perte pour l'un qui ne soit gain pour l'autre ; ainsi, toute ridicule que paraît cette idée, prise isolément, c'est une grande vérité lorsqu'on en fait une large application, et qu'on l'envisage sous un point de vue général. Les exemples ne manquent pas à l'appui de ce raisonnement : les dernières inondations dont notre département a été le théâtre, nous en fournissent un que nous citerons comme introduction à ce mémoire. En effet, si l'eau des rivières a ravagé, bouleversé, anéanti des plantations et diminué d'autant le combustible, elle a aussi découvert des matières compensatrices ; elle a mis à notre disposition des lignites jusque là enfouis et ignorés. L'importance qui s'attache à tout ce qui peut être utile aux besoins de la vie, et qui peut concourir au bien-être de l'humanité, ainsi que l'intérêt scientifique du gisement de ce combustible, me font un devoir de soumettre mes observations à la Société, convaincu qu'elles seront accueillies avec indulgence.

A 500 mètres environ, et à l'ouest de la commune de Paziols, sur la rive droite du Verdouble, au lieu appelé la *Rive de la Prade*, l'eau a opéré un éboulement qui a mis à découvert des lignites de la plus grande beauté. Le terrain dans lequel gît ce combustible est une formation d'atterrissement de nature marneuse, calcaréo-argileuse et sableuse, généralement bleuâtre; dans certains endroits, jaune, rouge, noirâtre. Ces diverses couleurs sont dues à la présence du fer à différens degrés d'oxidation; la marne argileuse est en assises d'environ 2 mètres de puissance, alternant avec du grès gris-brunâtre. Cette marne est d'une saveur styptique, efflorescente, pénétrée de fer pyriteux; c'est surtout sur la couche de grès que le sulfure de fer domine: le toit est formé par une alluvion caillouteuse peu épaisse, recouverte d'un dépôt de calcaire tubulaire, friable, d'un blanc-jaunâtre, très léger, sur lequel repose une seconde assise alluviale, avec galets d'un volume plus considérable que ceux de la couche inférieure. Ce dépôt de calcaire lacustre, postérieur au terrain d'alluvion, est le résultat des sédimens formés par une mare d'eau douce qui existait dans cet endroit, et démontre combien la forme primitive du terrain a subi de modifications. Ce système repose sur la formation crayeuse. Les lignites y sont disséminés par blocs et non par couches, affectant toute sorte de directions, d'un volume disproportionné, mais représentant toujours des portions d'arbres, soit le tronc, les branches, les racines ; j'y ai même trouvé un fragment de fruit de conifère, que je crois pouvoir rapporter au genre *pinus*. Cette observation et le résultat de l'inspection des fibres du bois, qui sont très visibles, m'ont offert assez de caractères pour en inférer que c'est à des arbres appartenant à ce genre, ou au moins à la famille des conifères, qu'est due l'origine de ces lignites.

Ce charbon fossile appartient évidemment à l'espèce fibreuse ; il offre deux variétés que nous allons décrire :

1° Lignite fibreux, variété A. — Il est de couleur noire, dur, susceptible de poli, ayant subi un commencement de bituminisation qui le rapproche du jayet ; sa pesanteur spécifique, l'eau étant prise pour unité, est de 2 ; soumis à l'action de la chaleur, il répand, avant de s'enflammer, une grande quantité de vapeurs, d'une odeur bitumineuse, piquante, acide, brûle ensuite avec flamme, et laisse pour résidu 0,15 de cendre de couleur jaune-ferrugineuse.

Les morceaux de lignite qui sont en contact avec la couche de grès, sont souvent recouverts de fer sulfuré qui paraît avoir remplacé l'écorce ; il s'est aussi infiltré entre les fibres, de manière qu'en les séparant, on voit une belle cristallisation pyriteuse, argentée ou dorée. Quelques fragmens conservent encore l'écorce du bois qui est rougeâtre ; l'épiderme s'en détache facilement, sous forme de grains bitumineux et brillans comme du jayet.

2° Lignite fibreux, variété B. — Il est de couleur brune, friable, se déchirant facilement, présentant la texture ligneuse, beaucoup moins dur que le précédent, se brise sous la lame du couteau, prend du brillant lorsqu'on le racle, mais ne supporte pas le poli; pesanteur spécifique 1,5: exposé à la chaleur, il offre les mêmes phénomènes que la variété A, mais donne moins de vapeurs, brûle avec plus de flamme, et répand beaucoup plus de calorique; soumis à la dessication, il perd les deux tiers de son poids; ainsi desséché et brûlé il fournit 0,12 de cendre jaune, ocreuse. Ce lignite est plus imprégné de fer pyriteux que le précédent, car non seulement il y en a entre les fibres longitudinalement, mais encore il s'en est infiltré dans les gerçures transversales qui y sont assez fréquentes.

Ces deux variétés de bois bitumineux se trouvent indistinctement et en désordre dans le grès et les couches argileuses qui lui sont supérieures et inférieures, ce qui par conséquent ne permet pas de douter qu'elles ne soient contemporaines; on ne peut pas les attribuer à l'âge ni à la partie de l'arbre, puisqu'on trouve des fragmens de toutes les dimensions qui offrent les deux variétés : est-ce à l'espèce de végétal qu'il faut les rapporter ? nous ne le pensons pas, ces lignites nous paraissant dus à la même origine végétale. Ce point de fait qui est encore inexpliqué, nous semble tenir à des causes locales qui resteront long-tems peut-être dans le domaine des questions problématiques.

Les morceaux qui sont en contact avec le grès, sont souvent recouverts d'une couche mince de fer sulfuré qui s'est aussi infiltré entre les fibres et les nombreuses fissures transversales du lignite, de manière que lorsqu'on le casse on voit une belle cristallisation pyriteuse, comme argentée ou dorée. J'en possède deux fragmens qui ont conservé l'écorce, et sur laquelle se trouve une matière résineuse en petits grains rougeâtres, transparens, et qui soumis à quelques expériences m'ont paru avoir la plus grande analogie avec le succin.

Les terrains à lignite offrent en général des restes de coquilles d'eau douce, ce qui explique suffisamment leur origine ; il n'en est pas de même de ceux dont j'ai l'honneur d'entretenir la Société ; nous avons inutilement cherché, M. Fauvelle et moi, dans ces terrains, quelque reste de corps organisé qui pût nous fixer sur sa formation. Ces dépôts sont-ils marins ? cela n'est pas improbable, car ils ont la plus grande analogie avec nos terrains coquilliers ; sont-ils lacustres ? cette hypothèse est encore admissible, puisque le bassin de Tuchan, dans lequel se trouve Paziols, est dans une position à recevoir les eaux pluviales des montagnes qui l'entourent de tous côtés, et l'écoulement de ces eaux ne peut s'opérer que par un seul point qui est le Verdouble ; or cette rivière n'existait probablement pas dans les tems reculés, ou son barrage au nord-est était alors élevé de manière que le bassin était un vaste lac, dans lequel se sont formés les dépôts qui l'ont comblé en partie. Quoi qu'il en soit de ces hypothèses, la présence de corps organisés seule peut donner la solution de cette question.

Ce que nous connaissons de l'étendue du terrain à lignite de Paziols est assez considérable. A 3 ou 4 cents mètres de la *Pradé*, du côté opposé de la rivière, au nord-ouest du village, en creusant un canal d'irrigation sur la propriété du nommé Étienne Pous, on a découvert un gisement de lignites, à 60 centimètres de profondeur, dans une marne argileuse pareille à

celle de la *Prade*, et qui évidemment n'en est que
la continuation. Nous pensons que cette couche existe
dans une grande partie du bassin.

Ce combustible, quoique pyriteux, ne dégage
qu'une très petite quantité de vapeurs sulfureuses :
il peut remplacer le charbon ordinaire pour les usages domestiques; il est très propre au chauffage des
appareils des usines; il est même prouvé par expé-
rience qu'il peut servir à forger le fer, puisque le
forgeron de Paziols n'en use pas d'autre depuis sa dé-
couverte : mais, dans tous les cas, il est nécessaire de
l'exposer à l'air pendant plusieurs jours, en ayant soin
de le remuer pour mettre toutes les parties en contact
avec l'extérieur, afin de faciliter le dégagement de
l'humidité surabondante et la décomposition d'une
partie du fer sulfuré.

Les efflorescences qui se trouvent sur les marnes à
lignites, peuvent être utilisées pour fabriquer de l'a-
lun et comme engrais dans les terres sablonneuses.

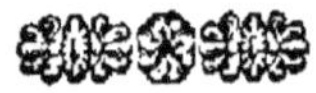

RAPPORT

DE MM. FARINES ET GOUGET

sur une brochure de M. **TOURNAL**, correspondant à Narbonne, intitulée : Considérations sur les Volcans anciens et sur les Cratères de soulèvement.

(M. **FARINES**, *rapporteur.*)

Le monde savant est préoccupé depuis quelque tems par une question qui est encore loin d'être résolue : aucun de vous, messieurs, n'ignore la dissidence qui existe entre les géologues sur une opinion qui a été émise primitivement par M. de Buch, et qu'il a caractérisée par l'expression de *cratères de soulèvement*. M. Élie de Beaumont a adopté l'opinion de ce savant, et il prétend que le relief des montagnes du Cantal et des Monts-Dore est le résultat d'une *secousse terrestre*, et que les eaux n'ont fait que le modifier; M. Cordier, au contraire, combat ce système, en disant que le relief de ces montagnes est dû au seul effet de l'*érosion des eaux;* ces explications ont trouvé leurs partisans et leurs adversaires, d'où il s'en est suivi une discussion à laquelle les naturalistes les plus célèbres comme les plus médiocres ont pris une part plus ou moins active, sans que la science, nous pouvons le dire, y ait beaucoup gagné, ni que la question soit devenue plus explicable.

La brochure de M. Tournal, intitulée : *Considérations sur les volcans anciens et sur les cratères de soulèvement,* dont vous nous avez chargé de vous rendre compte, traite cette question ou , plutôt, ne fait que rapporter très succinctement les diverses opinions qui ont été émises sur cette matière. La réunion des membres de la *Société Géologique de France* qui eut lieu l'année dernière en Auvergne (pays classique des volcans anciens) semblait devoir aplanir toutes les difficultés et lever tous les doutes. C'était du moins l'opinion et l'espoir de tous les géologues qui ne purent assister à cette assemblée, et ils en attendaient impatiemment les résultats : mais il arriva à ce congrès scientifique, qu'on discuta beaucoup, on parla davantage, on usa du papier, on fit de bons repas, et on se sépara aussi peu avancé qu'avant de se réunir.— M. Tournal, qui était à ce congrès, n'a pas été plus éclairé que les autres; il ne se déclare pour ni contre, et il n'a publié ce livre que pour vulgariser la science et pour attirer l'attention des gens du monde sur cette importante question.

Ce travail est divisé en quatre parties : la première traite des volcans en activité : nous y voyons que le nombre connu des volcans brûlans est de plus de 300, que l'Europe n'en renferme que quatre d'un peu importans et quelques autres très petits, et que la partie du globe qui en offre le plus est l'Amérique : c'est surtout sur le dos de la grande Cordilière que ces feux souterrains ont le plus concentré leur action. Après avoir décrit les volcans avec beaucoup de lucidité, et nous les avoir montrés en pleine activité, M. Tournal est naturellement conduit à émettre son opinion sur la théorie de ces feux souterrains. Sous ce rapport il est *cordiériste*, c'est-à-dire qu'il admet, avec M. Cordier et la plupart des philosophes contemporains, que notre planète est actuellement formée d'une masse en fusion ignée, recouverte d'une croûte refroidie, et que les volcans sont les évens naturels par où s'épanchent au dehors les matières fluides intérieures : cet épanchement est produit par la force expansive des gaz qui résultent du passage de la matière fluide à l'état solide et de la compression exercée par la contraction de l'écorce du globe.

Quoique la cause des phénomènes volcaniques soit constante, les effets n'ont pas toujours la même identité ; ainsi les montagnes, formées par l'accumulation successive des laves telles que nous les voyons se former aujourd'hui, offrent des caractères différens des anciens produits volcaniques. En effet, celles-ci sont parfois composées d'injections de granite, de porphyre, de wackes, d'autres fois d'éruptions verticales de laves de différente nature (dikes) offrant à leur extrémité des cavités en forme de cirque, auxquelles M. de Buch a donné le nom de *cratères de soulèvement*. L'explication de ces faits se déduit de ce qu'antérieurement, l'écorce du globe étant moins épaisse, elle était facilement brisée par la force expansive des gaz et des laves provenant de l'intérieur ; tandis que postérieurement et dans l'état actuel, cette enveloppe, ayant acquis une plus forte épaisseur (environ 20 lieues de 500 mètres), elle ne peut être soulevée par ces matières, et elles s'échappent par les nombreuses fissures de l'enveloppe terrestre et forment les volcans en activité.

Dans la deuxième partie, M. Tournal traite des *volcans éteints* ou *volcans anciens*, dont le nombre est très considérable : l'Auvergne seule en renferme plus de cent ; il donne la description de ceux des Monts-Domes et des Monts-Dore comme étant les lieux où se trouvent les plus beaux exemples des terrains volcaniques de cette période.

La troisième partie est consacrée à l'explication de la formation des montagnes. Saussure, M. de Buch, et après eux M. Elie de Beaumont, ont admis et développé la théorie de la *formation des montagnes par soulèvement;* ce système qui est contesté par beaucoup de géologues repose sur l'observation de *couches très inclinées* et qui cependant ont dû s'être déposées dans une *position horizontale*. M. Tournal, quoique adoptant le soulèvement des montagnes, ne partage pas entièrement cette dernière opinion, et il apporte en preuve cette vérité, que « très souvent des couches « ont pu avoir été déposées sous un angle d'incli- « naison assez fort, parce que le fond sur lequel elles « se sont pour ainsi dire moulées, n'était pas horizon- « tal. » Il convient cependant que ces cas n'infirment point la théorie des soulèvemens qui, dit-il, est basée sur les lois naturelles et sur un grand nombre d'observations précises. D'accord avec la majeure partie des naturalistes contemporains, l'auteur n'admet point les prétendus *bouleversemens universels de la surface du globe,* mais bien des cataclysmes particuliers qui bouleversaient la matière inorganique et anéantissaient tout ce qui avait vie sur un point du globe, quand tout était tranquille et subissait les lois ordinaires de la nature sur le reste de sa surface. Il rejette avec raison l'intervention de causes surnaturelles, telles que le *choc d'une comète* ou d'autres *causes astronomiques,* à l'aide desquelles les partisans des *bouleversemens universels,* ont voulu expliquer leur système, et avec une secte de philosophes (les Plutoniens) il attribue tous ces phénomènes à la chaleur centrale, tandis qu'une autre secte (les Neptuniens) donnent pour cause principale des désordres terrestres l'action des eaux.

Enfin, ce jeune savant termine son ouvrage par la question des *cratères de soulèvement.* Mais, comme nous l'avons déjà dit, il ne conclut à rien, il n'a point d'opinion arrêtée sur une question qui divise aujourd'hui les géologues en deux camps; il se contente de proposer un *mezzo-terminé,* et engage ceux qui sont pour et ceux qui sont contre, à abandonner tout ce qu'il y a de hasardé dans leurs théories, à mettre de la bonne foi dans la discussion, à chercher à faire triompher la vérité et non pas leur amour-propre, et enfin à en finir.

NOTICE

SUR LES MARBRES D'ESTAGEL,

Par M. **PAUVELLE**, *membre-résident.*

Depuis plusieurs années, je m'occupe de rechercher les marbres des montagnes voisines de Perpignan, et j'en ai déjà découvert d'un très bon effet à Estagel, Calce, Baixas et Casas-de-Péna. L'allocation d'une somme de 500 francs, faite par le département, m'a permis cette année de diriger quelques fouilles sur le territoire d'Estagel. Je vais en faire connaître le résultat, après avoir jeté un coup-d'œil sur le gisement de ses marbres et sur les roches qui leur servent de base.

Les granites de Caladroër forment le noyau de ce système de montagnes qui s'étendent jusqu'à Baixas et Peyrestortes, prolongement probable de ceux de

Nohédas et du Callau. Ces granites sont découverts sur une longueur de plus de deux lieues et sur une largeur d'une demi-lieue, depuis la rivière de l'Agly, au-dessus de Latour, jusqu'à la rivière de la Tet, auprès d'Ille. Là, le flanc de la montagne, rongé sans doute par les inondations de la Tet, laisse voir à nu les blocs énormes dont elle est composée : là aussi, près des ruines de Reglella, s'est établie la seule exploitation de granite du département ; l'on n'en tire que des meules de moulin à huile, et cependant on pourrait en extraire la matière première de tous les monumens durables, et obtenir des pièces de toutes dimensions.

Près de Caladroër, ce granite sert de matrice à une multitude de grenats dont quelques-uns ont près d'un pouce de diamètre. Ces grenats ne seront jamais, je pense, qu'un objet de curiosité ; ils sont défectueux, s'exfolient et ne sont pas susceptibles de poli ; là on trouve aussi un filon de marbre blanc primitif légèrement veiné de noir, semblable, sinon supérieur pour la qualité, à celui de Py. Des recherches sur ce point ne seraient pas sans résultats ; mais, en fait de marbres blancs, c'est vers l'Albéra qu'il faut aller les découvrir. Je crois que l'on réussirait plutôt qu'à Py et à Caladroer.

Les granites dont nous venons de parler, sont recouverts par des schistes ou ardoises qui s'étendent depuis Latour, Montner et Estagel jusqu'à Cornella-de-la-Rivière et Millas, et la montagne de Fort-Réal en est entièrement formée. Ces schistes peuventêtre exploités pour la couverture des maisons, pour dalles d'escalier, appuis de fenêtres, etc. ; un ouvrier d'Estagel en a extrait long-tems près le *Mas de la Dona,* et fournissait d'ardoises l'enseignement mutuel de Perpignan, de Narbonne et de Barcelone. On peut facilement le fendre, le scier, l'unir à la varlope et le polir. Il y en a de rubané près d'Estagel, au torrent de la Grava, qui est du meilleur effet. C'est aussi dans cette même localité que l'on trouve des pierres à aiguiser les faux : les paysans de la plaine les préfèrent à celles que l'on apporte de l'intérieur de la France.

Par dessus toutes ces roches, s'étendent les carbonates calcaires de Baixas, Calce, etc. ; ils se continuent au-delà de l'Agly, et commencent sur ces points la série des Corbières : l'on y remarque des marbres de toutes les qualités et de toutes les couleurs, dont la dureté paraît décroître à mesure que l'on s'éloigne des schistes. L'on peut en former deux grandes divisions : les marbres à fond uni et les brèches. Celles-ci superposent en général les marbres à fond uni ; elles sont beaucoup moins fissurées, du moins extérieurement ; elles se trouvent par masses amorphes, tandis que les autres marbres sont presque tous en couches régulières. Les gisemens les plus remarquables sont ceux de brèche noire et blanche de Baixas, anciennement exploitée ; de marbre noir coquillier de *Casas-de-Péna ;* de blanc et rouge d'Estagel ; de noir veiné de blanc du *Mas du Fenouillet,* et enfin ceux très variés de la *Pota d'en Rolland.*

C'est cette dernière localité que je crois la plus convenable pour l'exploitation en grand ; d'abord ; parce que la rivière le Verdouble, au lieu appelé la *Pota d'en Rolland,* vient couper à pic les roches de marbre dans une profondeur de plus de 100 mètres ; l'on peut donc, dans ce lit de la rivière, voir les marbres et juger de leur qualité avec plus d'avantage que si l'on avait pratiqué une excavation ; ensuite, si jamais une exploitation a lieu sur ce point, la rivière qui ne tarit jamais servira de moteur pour les scieries ; et les blocs, quelque énormes qu'on les suppose, pourront être débités en table dans la carrière même.

NOTE

SUR UN GISEMENT DE MINE DE CUIVRE

ET SUR UN CALCAIRE DE TRANSITION,

Par MM. **FARINES** et **VÈNE**, ingénieur

des mines, correspondant.

A l'extrémité de la vallée de *Carensa*, près du grand étang, nous avons trouvé deux gisemens de cuivre dans un filon de quarz ; ce métal y est à l'état de silicate, de sulfure, d'oxide, de carbonate et même de sulfate, et uni à du fer ocreux. Un peu plus haut, à l'endroit appelé *los clots*, dans un escarpement au sud de la vallée, il y a du calcaire primitif qui contient un filon d'asbeste.

En passant à la vallée d'Eyne, pour nous rendre en Cerdagne, nous avons observé que le calcaire qui alimente le four à chaux de cette vallée, donne un excellent produit, et que, quoiqu'il soit enchassé dans un gneiss, et qu'il contienne de l'amphibole blanc, deux motifs pour qu'il doive être considéré comme un calcaire primitif, il n'est cependant que de transition, puisque nous y avons constaté la présence de nummulites.

RAPPORT

DE MM. FARINES ET FRAISSE

sur une notice de M. **MARCEL DE SERRES**, professeur à Montpellier, correspondant —M. **FARINES**, rapporteur.

Nous avons pensé qu'en vous faisant le rapport que vous nous avez demandé sur le mémoire de M. Marcel de Serres relatif aux puits artésiens de notre département, nous ne devions pas nous borner à reproduire les principaux faits contenus dans cet ouvrage, et vous faire part de notre opinion sur son mérite. Nous avons cru que cet objet était d'une assez haute importance pour l'industrie agricole, pour exiger un examen plus approfondi, et en même tems qu'il était convenable, de vous présenter nos idées sur ce sujet.

Depuis les belles réussites des forages de Bages et Rivesaltes, nous en avons deux autres à signaler : toutes deux ont eu lieu à Bages, qui semble être pour le Roussillon ce que l'Artois est pour la France. C'est aux frais de la commune, par les soins de ses administrateurs, à la tête desquels on voit avec satisfaction M. Garnier, et sous la direction des frères Souvras-Manjolet, serruriers de Perpignan, que ces sondages ont été faits ; tous deux ont été pratiqués au sud-ouest de la commune, à environ 250 mètres de ceux qui existaient déjà. Le premier a été terminé en quatorze jours : à 39 mètres de profondeur, on a obtenu une source jaillissante de 2 pouces de diamètre et s'élevant à 66 centimètres par sa seule force ascensionnelle. Cette eau est très pure, très propre aux besoins économiques et excellente pour la boisson ; elle mar

2**

que 16°5 centimètres à sa sortie : cette fontaine a été consacrée aux usages domestiques de la commune, et un second forage fut entrepris immédiatement à 33 mètres de distance, pour servir aux besoins agricoles. Dans cette opération on était décidé à continuer, dans le cas où une source semblable à la précédente jaillirait à la même profondeur; mais, après douze jours de forage, et une dépense de 216 fr., la sonde étant à 48 mètres, s'enfonça d'elle-même à 51 mètres, et l'eau jaillit avec force; la sonde fut promptement retirée et fut remplacéepar un jet d'eau de 4 pouces et ½ de diamètre, ayant une force ascensionnelle de plus d'un mètre.

Une chose digne de remarque, c'est qu'aussitôt que cette source se fût manifestée, la précédente diminua de moitié. On a expliqué diversement ce phénomène: notre opinion est que ces deux sources proviennent de la même couche, et que la révolution qui s'est opérée lors du mouvement ascensionnel de la dernière, a obstrué quelque fissure qui donnait passage à l'eau qui alimentait la première, d'où il s'en est nécessairement suivi une diminution dans son volume. Il n'y aurait rien de surprenant, du reste, que cette fontaine recouvrât non seulement son premier jet, mais encore qu'elle donnât plus d'eau par la suite.

Cette opinion nous amène à ne pas admettre celle de M. de Serres sur l'existence de *bassins intérieurs, résultant d'un reste des eaux qui ont tenu en suspension ou en dissolution les terrains de sédiment,* et à admettre plutôt que les eaux qui alimentent les sources artésiennes dans le bassin du Roussillon, proviennent généralement de la rivière la Tet, quoiqu'il n'y ait pas de raison pour que les autres rivières, particulièrement

le Tech, ne puissent donner naissance aux mêmes ré
sultats. Cette hypothèse se déduit de ce que nos terrains de sédiment se continuent sans interruption jusqu'au dessus de Prades par la vallée de la Tet, et
jusqu'à Arles par la vallée du Tech; que nous voyons
les eaux de ces deux rivières se perdre dans les couches alluviales et entr'elles et les roches secondaires
ou de transition qui leur servent de support, à des hau-
teurs bien supérieures au maximum d'élévation des
sources artésiennes du pays. Les terrains de sédiment
étant composés de couches d'argile plus ou moins
pure, et de couches de sable, tantôt à grains fins,
tantôt à gros grains, et ces dernières seules donnant
passage à l'eau, puisque les argileuses sont imperméa-
bles, il en résulte qu'on peut trouver des sources mon-
tantes au-dessus de la surface du sol dans tous les lieux
et à toutes les profondeurs, et que la même couche
perméable peut fournir des sources jaillissantes à des
profondeurs différentes, même dans le cas où deux
forages seraient très rapprochés. Nous croyons que
les deux sources de la commune de Bages sont dans
ce cas : mais, comme les dépôts d'alluvion, soit marins, soit fluviatiles, ont des puissances très variables, souvent des solutions de continuité, il pourra
arriver que la sonde dépassera sur divers points les
couches aquifères sans résultat, parce qu'elle aura
passé sur un point où la couche perméable sera interrompue.

Ce fait aura lieu plus souvent quand on forera sur
un terrain élevé, par la raison que les courans qui
ont creusé les vallons ont rompu l'ordre des couches,
et que si quelques-uns se sont de nouveau comblés,
on ne peut pas admettre que les dépôts de même na-

ture aient coincidé; ainsi, toutes choses égales, pour obtenir des eaux jaillissantes sur un point élevé, il faudra descendre à des profondeurs considérables, proportionnellement aux forages des bas fonds. Nous en avons deux exemples dans ceux de l'Esplanade et du *Mas Deu* : le premier est à 167 mètres, quoique ce point ne soit pas bien élevé au-dessus du niveau de la place de Rivesaltes, et dans celui du *Mas Deu* on est déjà à 127 mètres, également sans résultat, quoique ce point ne soit élevé que d'environ 70 mètres au-dessus du niveau de Bages.

Il est sans doute fâcheux, dans l'intérêt de la ville, que le forage de l'Esplanade n'ait pas encore réussi, quoiqu'on soit à 167 mètres de profondeur, mais cela ne prouve point qu'on ne puisse réussir bien avant sur tout autre point de la ville; d'ailleurs, cette dépense ne doit pas être considérée comme perdue, puisque la science en recueille les fruits. Grâces à ce forage, nous savons aujourd'hui que les terrains de transport, sur ce point, ont plus de 167 mètres de puissance; qu'ils se composent de couches argileuses, marneuses, alternant avec d'autres couches sableuses, de diverses épaisseurs, diversement colorées, de consistances variables, toutes analogues aux couches déjà connues; mais nulle part nous n'avons remarqué le terrain signalé par M. de Serres, et qu'il dit appartenir *aux formations intermédiaires*. Nous ne saurions admettre cette dénomination pour exprimer une certaine profondeur, car l'on pourrait tout aussi bien l'appliquer aux couches de sable supérieures, puisqu'on y trouve, dans beaucoup de cas, des débris de schistes et de phyllades. Il existe une couche coquillière marine dans tout le bassin, depuis le Tech jusqu'à l'Agly; elle se démontre dans la plupart des couches naturelles et dans beaucoup de creusemens de puits ordinaires : à Espira-de-l'Agly, par exemple, il est rare qu'en perçant un puits, on ne rencontre, après la première couche d'argile bleuâtre, un grès coquillier ou au moins des débris de coquilles.

M. Marcel de Serres dit, dans sa notice, *que pour obtenir des sources jaillissantes, il faut traverser la totalité des couches tertiaires, comme on le fait dans la plaine du Roussillon.* Ce fait est inexact, et capable de détourner les personnes qui voudraient tenter des forages dans les contrées où les couches tertiaires ont une grande puissance, et dont l'épaisseur est inconnue. Malgré le respect et la profonde estime que nous professons pour ce savant, nous ne pouvons nous dispenser de relever cette erreur, qui a été commise, nous en sommes persuadés, d'après quelque faux renseignement. Les couches tertiaires ne peuvent avoir été traversées en totalité dans les forages de Bages et de Rivesaltes, puisque le maximum de profondeur atteinte n'excède pas 48 mètres, tandis qu'à Taxo on est descendu jusqu'à 82 mètres sans en voir la fin ; au *Mas Deu* on est à 127 mètres et on continue le forage, et à l'Esplanade on perce dans ce moment dans une couche d'argile noire et onctueuse, à 167 mètres de profondeur. Si dans les forages qui ont réussi, lorsque la sonde est arrivée dans la couche qui a fourni l'eau jaillissante, elle s'est enfoncée d'elle-même, on ne doit pas en inférer que c'est là que finissent les terrains de sédiment, mais bien que l'instrument, étant dans une couche de sable délayé dans beaucoup d'eau, n'a trouvé aucune résistance et a traversé cette couche sans obstacle, mais bien certaine-

ment, et nous en avons la preuve, cette couche aquifère repose sur une couche argileuse qui est suivie
à-peu-près du même système de stratification de terrains que nous avons observé dans tous les forages
qui ont eu lieu dans le Roussillon. Quoi qu'il en soit,
nous sommes persuadés que si l'on parvient à traverser
la totalité des terrains de sédiment supérieur on obtiendra des sources jaillissantes.

DÉTERMINATION ORYCTOGNOSTIQUE
ET GÉOGNOSTIQUE
des terrains retirés par la sonde dans le forage
artésien operé sur une propriété
de M. Raymond Singla,
de Rivesaltes,
par M. **FARINES**.

COUCHES GÉOLOGIQUES.	PROFONDEUR des Couches.	PUISSANCE des Couches.	
ordre.	pieds.	pieds.	
1	12	12	Terre végétale, gravier, sable et argile marneuse (puisard).
2	13	1	Mélange d'argile et graviers noirâtres quarzeux, avec marne calcaire blanchâtre.
3	16	3	Marne argileuse rougeâtre non effervescente.
4	19	3	Argile rouge, veinée de marne calcaire blanche, avec fragmens de quarz et de schistes. Cette couche participe de la précédente, et paraît être de la marne calcaire pure, mais on ne saurait trouver cette pureté dans les terrains amenés par la sonde.
	20	1	Limon rougeâtre, argilo-calcaire, avec

4

petits grains calcaires blancs assez arrondis. Quoique cet échantillon diffère beaucoup des précédens par le *facies*, les élémens étant les mêmes, il appartient évidemment à la même couche. Il est probable que la marne calcaire s'est trouvée, dans cet endroit, plus dure ou peut-être à l'état de calcaire concrétionné, et que la sonde, au lieu de la pulvériser, l'a réduite en petits fragmens.

22 2 Glaise rouge-vif, dans laquelle, au lieu d'y avoir de petits fragmens comme dans la précédente, ce sont des masses amygdaloides d'une substance blanche pulvérulente, composée de chaux carbonatée; c'est une véritable marne calcaire pure qui serait très propre à amender les terres.

5 25 3 Sable jaunâtre micacé, avec graviers provenant de roches primitives, non effervescent.

6

29 4 Argile compacte très dure, d'un rouge pâle.

32 3 Argile compacte, très absorbante, très dure et très rouge, contenant une quantité notable de fer tritoxidé.

7

37 5 Marne argilo-calcaire sablonneuse, colorée de diverses nuances de jaune, avec quarz et mica.

41 4 Marne coquillière très sablonneuse, avec débris de test de *cardium* et de *pecten*,

			mais tellement divisés par la sonde qu'il a fallu avoir recours à la loupe pour les bien distinguer.
8	45	4	Argile rouge, compacte, avec un peu de marne calcaire, provenant de la couche supérieure.
9	52	7	Sable argileux jaunâtre, où l'argile domine.
10	55	3	Argile plastique très pure, dure, compacte, fortement colorée en rouge par du fer peroxidé.
11	59	4	Marne argilo-calcaire, blanchâtre, friable.
12	63	4	Sable micacé à grains fins.
13	64	1	Calcaire concrétionné, blanc sale, broyé par la sonde.
	70	6	Marne calcaire, avec graviers de la grosseur d'un pois.
14	88	18	Sable grossier, tantôt homogène, tantôt avec graviers, diversement coloré de jaune, de vert, de brun, taché de blanc par du quarz broyé par la sonde.
	92	4	Argile et sable jaune, avec débris de chaux carbonatée et de quarz provenant de cailloux broyés.
15	93	1	Argile plastique, onctueuse, très absorbante, très propre à la fabrication de la poterie commune.
	94	1	Même terrain que le précédent, coloré en brun par du fer pyriteux.
16	100	6	Marne calcaire blanchâtre-granulée, très bonne pour engrais.

<table>
<tr><td>ordre.</td><td>pieds.</td><td>pieds.</td></tr>
<tr><td>17</td><td>105</td><td>5</td><td>Argile rougeâtre, avec petits grains de quarz et de chaux sulfatée. Cette argile très dure, très lourde, est évidemment le produit du mélange de plusieurs veines de différente nature ; le gypse ne devait former dans l'argile qu'un filon très mince, et le quarz doit s'y trouver accidentellement en gros graviers, qui ont été fractionnés par la sonde.</td></tr>
<tr><td>18</td><td>110</td><td>5</td><td>Marne calcaire rousseâtre très pure ; le peu d'argile qui y est interposée appartenant aux assises supérieures.</td></tr>
<tr><td>19</td><td>114</td><td>4</td><td>Sable micacé, à grains très fins et homogènes.</td></tr>
</table>

17 105 5 Argile rougeâtre, avec petits grains de quarz et de chaux sulfatée. Cette argile très dure, très lourde, est évidemment le produit du mélange de plusieurs veines de différente nature ; le gypse ne devait former dans l'argile qu'un filon très mince, et le quarz doit s'y trouver accidentellement en gros graviers, qui ont été fractionnés par la sonde.

18 110 5 Marne calcaire rousseâtre très pure ; le peu d'argile qui y est interposée appartenant aux assises supérieures.

19 114 4 Sable micacé, à grains très fins et homogènes.

116 2 Marne argileuse verdâtre, avec débris de lignite.

118 2 Marne argileuse très brune, compacte, avec débris de bois fossile, des traces de fer sulfuré et des fragmens de cristaux de chaux sulfatée. Cette couche est très intéressante sous le rapport de sa composition ; le gypse ne me paraît pas devoir être classé dans la même période que celui de la couche n° 17 : je crois que sa formation est due à la décomposition du fer sulfuré.

20

128 10 Quoique les échantillons formant cette série de dix pieds ne soient pas identiques quant à la couleur, car il y en a de jaunâtres, de verts, de bleus, de bruns, ils doivent néanmoins être

classés dans un seul groupe qui lui-même fait partie des deux précédens, puisqu'ils se composent des mêmes élémens minéralogiques en plus ou moins grande quantité.

21 131 3 Marne argileuse bleue, avec nombreux fragmens de calcaire vermiculaire, fer ocreux et débris de végétaux.

143 12 Sable et gravier, mêlé d'une petite quantité de marne argilo-calcaire, avec des bandes colorées par du fer ocreux, débris de cailloux calcaires et quarzeux. L'ensemble de cette couche est bleuâtre : elle paraît constituer un banc de sable pur, et la marne argileuse et les autres matières hétérogènes qu'elle contient sont dues aux étages supérieurs, soit qu'elles y aient été mêlées par l'introduction de la sonde ou par éboulement.

22 144 1 Couche aquifère, continuation de la précédente ; elle contient une grande quantité de roches primitives et secondaires à l'état pulvérulent, provenant de cailloux tombés accidentellement dans le trou et broyés par la sonde. C'est de cette couche que l'eau a commencé à jaillir.

161 17 Continuation de la couche aquifère, sable pur, avec graviers plus gros dans les derniers coups de sonde. La position de ces graviers ayant subi les cf

fets de la loi des gravités, s'explique par le mélange de sable et d'eau dont se compose cette couche qui a permis aux corps pesans de se précipiter vers les parties inférieures : c'est de cette couche que la plus grande somme d'eau a jailli, (quatre pouces deux lignes,) s'élevant à dix pieds au-dessus de la surface du sol.

23 162 1 Marne argilo-calcaire bleue, mêlée à du sable de la couche précédente. Cette couche est imperméable, et sert de conque à la couche aquifère superposée.

——————

Le classement des couches fait d'après des échantillons résultant d'un sondage dans des terrains tertiaires, ne doit pas être considéré comme très rigoureusement exact, parce que le broiement des roches par la sonde et leur mélange ne permet pas de bien préciser leur gisement; néanmoins, d'après la détermination qui précède, on peut établir la coupe géologique des dépôts tertiaires du bassin de Rivesaltes de la manière suivante.

COUPE GÉOLOGIQUE

DES TERRAINS DE SÉDIMENT TERTIAIRES
du bassin de Rivesaltes.

ORDRE des Couches.	PUISSANCE des Couches.	
	pieds.	
1	12	Terre végétale, graviers, sable et glaise (puisard.)

2   1 Marne argilo-calcaire graveleuse.
3   3 Argile rouge.
4   6 Marne calcaire, un peu argileuse, avec peti-
        tes masses de calcaire, quarz et schistes.
5   3 Sable micacé grossier.
6   7 Argile plastique, fortement colorée en rouge
        par le peroxide de fer.
7   9 Sable marin coquillier
8   4 Argile plastique et fer peroxidé.
9   7 Sable, avec limon argileux.
10 3 Argile plastique, avec fer tritoxidé.
11 4 Marne argilo-calcaire.
12 4 Sable à grains fins.
13 7 Marne calcaire, avec rognons de calcaire et
        graviers.
14 22 Sable grossier, avec graviers quarzeux et cal-
        caires.
15 2 Argile plastique rouge et brune.
16 6 Marne calcaire.
17 5 Argile et gypse tertiaire.
18 5 Marne calcaire.
19 4 Sable micacé, très fin.
20 14 Argile très noire, avec gypse spontané et fer
        pyriteux.
21 3 Marne argileuse, avec calcaire vermiculaire,
        fer ocreux et débris de végétaux.
22 30 Sable grossier aquifère.
23 1 Marne argilo-calcaire compacte, bleue.

OBSERVATIONS

SUR LES PUITS ARTÉSIENS,

destinées à répondre à celles consignées dans le n. 76 de l'*Institut*, ou du 25 octobre 1834,

Par M. MARCEL DE SERRES.

Messieurs,

J'ai lu dans le n° 76 de l'*Institut* une notice sur les nouveaux puits artésiens pratiqués dans le département des Pyrénées-Orientales, dans laquelle, tout en traitant d'erroné ce que nous avons avancé sur la théorie du forage, on finit cependant par en reconnaître l'exactitude. Nous n'aurions donc qu'à opposer l'auteur à lui-même, pour prouver combien peu ses assertions sont fondées.

Vous jugerez sans doute, Messieurs, que dans des questions de ce genre, il ne s'agit pas de petits intérêts de vanité ; mais de savoir comment il faut les résoudre. C'est donc sur le fond d'une question qui mérite toute l'attention des agronomes, et qui se lie d'une manière directe à la géologie, que nous appellerons, Messieurs, tout votre intérêt.

Nous ne suivrons pas l'auteur de la notice dans ce qu'il dit sur les nouveaux forages pratiqués à Bages, et qui, comme les précédens, ont été couronnés d'un succès complet. Nous attendrons, pour asseoir notre opinion à cet égard, d'avoir pu visiter les lieux où ces puits ont été ouverts. Nous nous bornerons, dans ce moment, à rechercher s'il est réellement constant, ainsi que nous l'avons avancé, que les eaux que l'on y a découvertes se trouvent au-dessous de la totalité des terrains tertiaires; et, en second lieu, si on peut supposer qu'elles soient les restes de celles qui ont tenu en suspension ou en dissolution les terrains de sédiment. Ces points fixés, nous verrons, si comme l'admet l'auteur de la notice qui nous a combattu, ces eaux ne sont que le résultat des infiltrations des deux grandes rivières, la Tet et le Tech, qui traversent le département des Pyrénées-Orientales de l'ouest à l'est.

Nous concevons très bien que celui qui n'a vu qu'une seule localité et qui n'a suivi qu'un ou deux forages, puisse avoir une pareille opinion; mais il n'en est pas de même de ceux qui ont étudié les phénomènes qui s'y rapportent dans leur ensemble et leur généralité. Il est en effet une infinité de localités fort éloignées de tout cours d'eau où il existe pourtant des eaux jaillissantes abondantes obtenues par le procédé du forage.

Mais avant tout, voyons comment l'auteur de la notice prouve que les eaux des puits de Bages sont alimentées par la rivière du Tech, qui n'en est pas très éloignée. Cette hypothèse se déduit, dit-il « de « ce que les terrains de sédiment se continuent sans « interruption jusqu'au dessus de Prades, dans la « vallée de la Tet, et jusqu'à Arles, dans celle du « Tech. » Nous ferons d'abord observer que, parmi ces terrains de sédiment, il faut distinguer ceux qui appartiennent à l'étage supérieur ou aux terrains tertiaires, de ceux qui dépendent des étages moyens et inférieurs, et qui comprennent les terrains secondaires.

Quant à ces derniers, il n'est pas probable que ce

soit parmi eux que l'auteur veuille trouver ces couches de sable dont il parle, et qui sont, même d'après lui, les seules perméables, et par conséquent les seules qui puissent recevoir les infiltrations. Ces couches se trouvent uniquement dans les terrains tertiaires; et ceux-ci, loin de s'étendre jusqu'à Prades, dans la vallée de la Tet, ne dépassent pas Ille, tandis que les mêmes formations ne vont pas au delà de Céret, dans la vallée du Tech. Il existe bien, à la vérité, d'autres formations tertiaires dans le Roussillon, même à de plus grandes distances de la Méditerranée; mais celles-ci, généralement peu étendues, dépendent des terrains tertiaires émergés, qui n'ont rien de commun avec les sables marins et les marnes argilo-sableuses des formations immergées de ce même bassin, les seules formations de cet ordre que la Tet et le Tech traversent.

Ces points de fait ainsi rétablis, il s'agit de déterminer si des rivières dont les lits sont nécessairement dans les points les plus bas des vallées qu'elles parcourent, peuvent, par leurs infiltrations, produire ces amas d'eaux souterraines que l'on découvre à-peu-près partout et dont l'ascension est aussi variable que la quantité qu'elles en déversent au dehors. Si ces eaux devaient leur origine à une pareille cause, leur ascension serait d'autant plus considérable, qu'elles seraient plus rapprochées des points où le niveau de ces deux rivières est le plus élevé; on ne les découvrirait pas non plus dans des lieux où leur niveau inférieur est au-dessus de celui que présente l'un ou l'autre de ces cours d'eaux près de ces mêmes localités.

Remarquons encore que de pareilles infiltrations ne semblent possible qu'à travers des terrains perméables; cependant, ce n'est presque jamais dans de pareils terrains que l'on rencontre des eaux couran- tes; mais uniquement au-dessous des formations im- perméables, telles que les marnes ou les argiles. Sans doute, l'on découvre bien aussi des eaux souterraines dans des couches sablonneuses; celles-ci, loin d'être abondantes comme les plus profondes, produites par des infiltrations superficielles, sont fugitives, et pour ainsi dire passagères, comme les causes auxquelles elles doivent leur origine.

Du reste, généralement, les couches meubles et sablonneuses sont superficielles; dès-lors, elles ne peuvent recevoir que les infiltrations qui s'effectuent à la surface du sol. Ces couches ont aussi une faible puissance dans les terrains compris depuis les terrains primitifs jusqu'aux tertiaires. Ce n'est aussi que dans ces derniers, et dans ceux qui leur ont succédé, que ces couches acquièrent à la fois une grande éten- due et une grande épaisseur. Ce fait s'observe aussi bien dans le Roussillon que dans toutes les autres contrées, et prouve que, si partie des eaux de la Tet et du Tech s'infiltre réellement dans le sol qu'elles traversent, ce qui, du reste, est peu probable, ce ne peut être qu'à partir du point où elles rencontrent des couches perméables, telles que celles qui appar- tiennent aux formations tertiaires ou à celles qui leur sont postérieures. Ces formations ne se montrent pour- tant, ainsi que nous l'avons déjà fait observer, qu'à partir d'Ille, pour la vallée de la Tet, et de Céret, pour celle du Tech; dès-lors, l'on ne peut pas sup- poser que les infiltrations de ces rivières commen- cent au-dessus de ces deux points.

Mais, pour faire admettre que leurs infiltrations

produisent les eaux intérieures que l'on découvre dans différentes parties de ces vallées à l'aide de la sonde, il faudrait prouver d'abord, 1° qu'elles traversent constamment des terrains perméables, ce qui est peu probable, du moins aux yeux de ceux qui connaissent la composition du sol du Roussillon; 2° que le niveau inférieur de ces mêmes eaux n'est pas plus élevé que celui de ces deux rivières, dans les points qui en sont le plus rapprochés. Or, ce sont là des questions sur lesquelles on aurait dû, ce semble, donner quelques éclaircissemens, avant de traiter d'inexacte et d'erronée une théorie que nous n'avons, du reste, proposée, en nous fondant sur l'ensemble des faits connus, qu'avec cette circonspection que commande l'objet auquel elle s'applique.

Quant à la position des eaux souterraines abondantes, elle nous paraît être au-dessous des terrains tertiaires, soit dans le bassin du Roussillon, soit ailleurs, et quoique l'auteur ait traité ce point de fait d'inexact, il paraît pourtant qu'il en a lui-même reconnu plus tard la réalité, puisqu'il termine son travail, en disant avec nous « qu'il est persuadé que si l'on parvient « à traverser la totalité des terrains tertiaires ou de « sédiment supérieur, on obtiendra des eaux jaillis- « santes. »

Lorsque nous avons avancé ce point de fait, nous l'avons appuyé sur l'ensemble de nos connaissances sur la position des eaux souterraines et principalement sur les puits artésiens naturels dont le Roussillon nous donne lui-même un bel exemple : la source de Salses. Nous avons cru, par cette observation, éclairer les agriculteurs qui se sont livrés dans le Midi de la France, avec un zèle digne de plus nombreux succès, à une pratique qui, dans la plupart des cas, n'est utile dans nos contrées qu'à améliorer des puits, en déversant dans leurs bassins , une plus ou moins grande quantité d'eau remontant de fond , et rarement pour obtenir des eaux jaillissantes abondantes.

Une exception remarquable à l'utilité dont le procédé du forage peut être dans nos contrées méridionales, nous est fournie par le département des Pyrénées-Orientales; et cette exception est trop frappante pour ne pas en rechercher la cause. Aussi, en examinant avec attention la nature des couches que la sonde a traversé à Bages, couches qui avaient été recueillies par M. Fraisse, aîné, dont l'intelligence est bien connue des membres de la Société à laquelle j'ai l'honneur de soumettre ces observations, j'ai cru reconnaître que les dernières couches, qui avaient été en partie percées par la sonde, appartenaient aux terrains de transition. Dès-lors j'ai dû croire que si l'on avait obtenu des eaux plus abondantes à Bages que dans les autres localités du Roussillon, cette circonstance devait tenir à ce que l'on y avait traversé la totalité des terrains tertiaires, et que là seulement existaient ces grands réservoirs d'eaux intérieures, dont la fontaine de Vaucluse nous fournit un si bel et si magnifique exemple.

Nous ne pouvons nous empêcher de nous demander si c'est bien sérieusement qu'en convenant de l'inégalité d'épaisseur des terrains tertiaires, l'auteur, de la notice a cherché à revoquer en doute ces faits, parce que le maximum de profondeur atteint à Bages et à Rivesaltes, n'excèderait pas quarante-huit mètres, tandis qu'à Taxo on était descendu jusqu'à quatre-vingt-deux, au *Mas-Deu* à cent vingt-sept et à l'Esplanade de Perpignan à cent soixante-sept mètres, et cela sans succès.

Tout ce que ces faits prouvent, c'est que les formations tertiaires y ont une plus grande épaisseur qu'à Bages et à Rivesaltes, où l'on a obtenu des eaux jaillissantes abondantes.

On pourrait bien trouver d'autres raisons non moins déterminantes dans la position relative de Taxo et du Mas-Deu à l'égard de Bages et de Rivesaltes, ainsi que dans quelques circonstances géologiques du bassin de Perpignan ; mais les détails dans lesquels nous serions obligés d'entrer, pour nous faire saisir, exigeraient une étendue beaucoup trop considérable pour le but que nous nous proposons dans ces observations.

Nous aurions sans doute beaucoup d'autres observations à ajouter à celles que nous venons de vous soumettre, Messieurs ; mais la crainte de fatiguer votre attention, nous arrête et nous force de les terminer. Qu'il nous soit permis pourtant de remercier l'auteur de la notice qui a rejeté notre manière de voir, d'avoir appelé nos réflexions sur un sujet lié d'une manière aussi immédiate aux progrès de notre agriculture. En fesant connaître aux agronomes le résultat de nos recherches, nous n'avons pas dû leur taire la vérité, quelque pénible qu'elle pût leur paraître ; elle a été et sera toujours le but constant de nos efforts.

RÉPLIQUE

A LA RÉPONSE DE M. MARCEL DE SERRES

SUR LES PUITS ARTÉSIENS,

Par M. FARINES.

Lorsque la Société nous chargea de lui faire un rapport sur la notice de M. Marcel de Serres, nous crûmes de notre devoir de lui présenter, non pas un résumé de ce travail, qui n'aurait offert aucun intérêt nouveau, mais bien notre opinion sur les idées qui y étaient émises et, en même tems, des observations qui nous étaient propres, et qui pouvaient être utiles à l'avancement de cette branche d'industrie agricole. Le talent et la réputation de l'auteur, loin d'être un obstacle à notre critique, nous parurent au contraire devoir être un motif de sévérité de notre part, par cela seul que son opinion devait exercer une plus grande influence. Ainsi nous dûmes nous appesantir particulièrement sur un fait *inexact*, avancé comme une vérité, et qui malheureusement avait déjà porté ses fruits, puisque c'est d'après l'opinion émise dans ce mémoire, *que pour obtenir des sources jaillissantes il faut traverser LA TOTALITE des couches tertiaires, comme on le fait dans la plaine du Roussillon,* que la Société d'Agriculture du département de l'Hérault a déclaré que les cultivateurs de ce département ne devaient pas espérer *de retirer du forage les mêmes avantages que les agronomes du Roussillon* [1]. Certes, il

---

[1] *Bulletin da la Société d'Agriculture du département de l'Hérault*, octobre 1833, pag. 333.

ne nous aurait pas été difficile de prouver *que les ter-rains tertiaires n'ont été traversés EN TOTALITÉ DANS AUCUN FORAGE du département des Pyrénées-Orientales ;* mais, par une condescendance que nous sommes presque tentés de nous reprocher aujourd'hui, nous avions voulu ménager la susceptibilité de ce savant, en lui facilitant le moyen de *laisser croire* qu'il avait été mal informé. Cependant, comme non-seulement il ne nous tient aucun compte de notre ménagement et que même il en prend texte pour réfuter sans fondement ce que nous avons avancé, nous nous permettrons d'exposer qu'indépendamment des raisons que nous avons don-nées sérieusement, nous invoquons le témoignage des sondeurs et de ceux qui ont fait sonder, et tous di-ront, qu'après avoir trouvé l'eau jaillissante dans une couche de sable, ils ont trouvé une couche d'argile au-dessous qu'ils n'ont fait qu'entamer, et cela a eu lieu à Bages, tout comme à Rivesaltes ; et une chose qui étonnera sans doute, c'est que la lettre de Mon-sieur Fraisse, dans laquelle M. de Serres, (comme il l'avoue lui-même), a puisé une partie des documens dont il s'est servi dans son travail, contient formelle-ment, *qu'après avoir obtenu l'eau jaillissante* (à Bages) *il fit remettre la sonde et qu'on en retira de l'argile.*

La notice de M. de Serres sur les puits artésiens du Roussillon, ne nous est connue que par un extrait inséré dans le *Bulletin d'Agriculture de l'Hérault*, et par un autre plus exigu encore, dans le *Bulletin de la Société Géologique de France*, où j'ai remarqué le passage suivant.

...La plaine du Roussillon est formée de terrains ter-tiaires, recouverts par des masses de diluvium. Le forage y est des plus faciles lorsque l'on a enlevé le terrain le

plus superficiel, composé de dépôts diluviens, parmi lesquels se montre une immense quantité de cailloux roulés. Les essais faits sur la place Royale de Perpignan, n'ont été infructueux, que parce qu'on N'ENLEVA PAS ENTIÈREMENT CE DÉPÔT DE CAILLOUX ROULÉS, ET QU'ON APPLIQUA IMMÉDIATEMENT LA SONDE, qui s'y engagea de telle manière qu'on ne put la retirer, et que les travaux furent tout-à-fait abandonnés [1].

Je demande si c'est sérieusement que M. de Serres a écrit ces lignes : je ne le pense pas; car, en vérité, il faudrait supposer les habitans du Roussillon, et particulièrement l'autorité municipale de cette époque, qui fesait opérer le sondage, bien ignorans, pour n'avoir pas su dégager la sonde, *engagée dans une couche superficielle de cailloux roulés*. Il s'uffisait de prendre une pioche et la faire jouer pendant quelques minutes; mais, pour l'honneur des sondeurs et même des Perpignanais, il y avait bien d'autres difficultés à vaincre. 1° Nous ferons observer qu'il n'était pas nécessaire d'enlever les cailloux roulés, parce qu'il n'y en avait pas dans cet endroit; 2° qu'on n'appliqua pas immédiatement la sonde, puisqu'on creusa un puisard de quinze pieds de profondeur; 3° qu'enfin, la sonde ne pouvait s'engager dans une couche qui n'existait pas. D'ailleurs, tout le monde sait que le forage de la place Royale fut très bien conduit jusqu'à 135 pieds de profondeur, d'où une portion de la sonde, cassée par accident, ne put être retirée.

Quant à la partie théorique, nous ne l'avons pas taxée d'inexactitude, comme le prétend la réponse de M. de Serres. Nous avons pris la liberté d'avoir une opinion d'ifférente de la sienne : c'est un droit qu'il

[1] *Bulletin de la Société Géologique de France*, tom. IV, pag. 213.

ne nous contestera pas ; mais, puisque nous n'avons pas été bien compris, nous demandons la permission de développer d'avantage notre manière de voir à ce sujet.

Avant de reproduire notre théorie, il est nécessaire de rétablir quelques points de fait sur lesquels M. de Serres se donne gain de cause ; il prétend qu'il n'existe point de couches de sable dans nos terrains tertiaires, et que s'il en existe elles ne sont que superficielles. Il est vrai que dans la détermination qu'il donne des terrains provenant du sondage de Bages, il n'en est pas fait mention : cela prouve que, sans doute distrait par *l'étude des phénomènes généraux*, il ne s'est pas occupé des faits particuliers, c'est-à-dire qu'il n'a pas songé que dans nos sondages où le trou de sonde est constamment rempli d'eau jusqu'aux premières assises de sable, celui-ci n'est remonté par la sonde qu'au moyen de l'argile supérieure que l'introduction de l'instrument y mêle, et d'où il résulte un mélange que ceux qui n'ont pas étudié nos forages peuvent attribuer, comme M de Serres, à une couche de sable argileux ; mais *tous ceux qui connaissent la composition du sol du Roussillon* savent très bien que nos terrains tertiaires se composent de couches d'argile plus ou moins pure, alternant avec des couches de sable ; que tous les forages pratiqués jusqu'ici ont démontré cette vérité, et que toutes les eaux jaillissantes ont été rencontrées dans des couches de sable, que nous avons désignées, il y a déjà quelques années, par le nom de couches *aquifères*.

Les terrains tertiaires du bassin de Perpignan, ne finissent pas à Ille ; ils se continuent évidemment jusqu'au dessus de Prades, et il suffit de faire le voyage de Perpignan à Prades, en diligence, pour s'en convaincre; mais serait-il vrai que les terrains de sédiment supérieur n'arrivent qu'à Ille, la théorie des infiltrations n'en serait pas moins soutenable. En effet, mon opinion est que les eaux des rivières du bassin du Roussillon, et particulièrement de la Tet, s'infiltrent à travers les couches sableuses des dépôts tertiaires qui font partie du comblage; que ces dépôts occupent plus ou moins régulièrement l'étendue du bassin, mais non pas entièrement, puisque leur irrégularité, leur solution de continuité, dépendent d'une foule de circonstances géologiques et accidentelles, et c'est à ces causes qu'il faut attribuer la non réussite de quelques forages sur divers points. Ainsi, j'admets que la couche aquifère qui alimente les fontaines artésiennes de Rivesaltes, peut provenir des infiltrations de la Tet, entre Néfiach et Ille, puisque ce point est à une élévation de beaucoup supérieure au maximum de niveau des sources jaillissantes actuelles; que celles qui alimentent la petite source de Bages et celle de M. Fraisse, quoique appartenant à un étage supérieur, proviennent d'infiltrations plus rapprochées du point de sortie; mais nous n'admettons pas que ces sources soient dues à des infiltrations supérieures, et surtout qu'elles soient *fugitives* et *passagères;* car on ne peut raisonnablement donner cette qualification à la fontaine artésienne de Soulanges, qui n'a pas varié depuis 1829, pas plus qu'à celle de Bages, qui depuis qu'elle existe n'a subi aucune modification naturelle.

De la théorie des infiltrations riveraines, se déduit naturellement cette hypothèse, que *si l'on parvient à traverser la totalité des couches de sédiment supérieur, on obtiendra des eaux jaillissantes.* Et c'est parce que nous avons admis comme *probable* une chose sur laquelle il n'existe aucune preuve, et que M. de Serres a avancée, lui, comme un *fait existant,* qu'il prétend qu'il n'a qu'à nous opposer à nous mêmes pour prouver que ce qu'il a avancé est une vérité. Bien certainement personne ne verra dans cette phrase soulignée la preuve que nous partageons sa manière de voir ; d'ailleurs cela n'infirmerait point que son assertion ne soit *inexacte ,* puisqu'il est suffisamment prouvé que *la totalité des terrains tertiaires n'a été traversée dans aucun forage du Roussillon.*

Je répète que c'est une grande distraction de dire que nous avons *traité une théorie* d'inexacte ; il suffit de lire notre rapport pour rester convaincu que cette épithète méritée n'a été appliquée qu'à un *fait matériel.* Mais puisqu'on nous attire dans l'arène de la théorie, nous y entrerons avec plaisir ; et quoique nous ayons de l'éloignement pour la polémique, nous ne la refusons pas quand nous la croyons utile aux intérêts du pays. Nous nous sommes contentés d'opposer une théorie à une théorie ; l'actualité nous oblige a examiner la valeur de celle proposée par M. de Serres, qui consiste à admettre des *bassins intérieurs, restes des eaux qui ont tenu en suspension ou en dissolution les terrains de sédiment. Ces nappes ,* dit-il *, sont donc intarissables , comme les sources dont elles proviennent* [1]. Puisque ces bassins sont des *restes* d'eaux, la cause qui les a produits a cessé, d'où il résulte qu'ils ne sont plus alimentés et que dès-lors , au lieu d'être intarissables , ils seraient au contraire *tarissables.* La fontaine Extramer, près

[1] *Bulletin de la Société Géologique de France,* tom. IV, pag. 116.

l'étang de Salses, que M. de Serres cite comme un exemple naturel de l'existence de bassins souterrains, est, suivant moi, un exemple irrécusable de la non existence de ces bassins; en effet, ceux qui ont étudié la marche de cette fontaine, savent très bien que son volume varie avec les saisons. Ainsi, quoique en tout tems elle donne beaucoup d'eau, pendant les étés secs, elle en donne beaucoup moins que quand ils sont pluvieux; qu'en automne elle est beaucoup plus abondante que dans les autres saisons, et que toutes les fois qu'il pleut elle augmente proportionnellement à la quantité d'eau tombée. Tous ces faits prouvent jusqu'à l'évidence que cette fontaine est sous l'influence des infiltrations de plusieurs petits bassins, et particulièrement de ceux d'Opol et de Pérellos, qui communiquent par des crevasses ou fissures de la montagne, et dont la fontaine de Salses est l'égoût par où viennent s'épancher au-dehors les eaux qui s'y réunissent de tous les points environnans plus élevés.

Nous pourrions nous étendre davantage sur ce sujet, et donner de plus grands développemens en faveur de notre système; mais ce que nous en avons dit nous paraît suffisant pour démontrer la vérité et la bonne foi de notre rapport, et détruire la mauvaise impression produite par l'erreur de M. de Serres.

Minéralogie.

CHAUX SULFATÉE TRAPÉZOÏDALE,

Par M. FARINES.

La grammatite ou trémolithe, est un asbeste qui cristallise en prismes obliques rhomboïdaux toujours groupés, tandis que le cristal présenté par M. Caffe, sous ce nom, est un trapèze allongé qui appartient à une variété de chaux sulfatée, dont j'ai trouvé le gisement dans plusieurs endroits de nos montagnes, entr'autres dans un ravin aux environs de Taurinya, et sur les Albères, au lieu dit *Puig Estela*. Quoique M. Caffe n'indique pas la localité d'où a été retiré cet échantillon, je crois pouvoir affirmer qu'il provient de Taurinya, où ces cristaux se trouvent dans une marne noire, formant des masses peu volumineuses, encaissés dans de la terre argileuse ordinaire, et accompagnés de pyrites ferrugineuses ; ils y sont très nombreux et affectent plusieurs formes ; mais ceux du genre et du volume de celui qui est présenté sont assez rares. Je crois pouvoir expliquer la présence de ces cristaux de chaux sulfatée dans un terrain qui n'est pas gypseux, par la transformation du soufre des pyrites en acide sulfurique qui se combine à la chaux de la marne, et le fer passe à l'état de deutoxide et colore la gangue en noir.

****

Botanique.

RAPPORT

SUR UNE MONSTRUOSITÉ PRÉSENTÉE par M. JACOMET,

Par M. FARINES.

Quoique les monstruosités soient très communes dans les végétaux, il s'en présente quelquefois qui sortent des règles ordinaires, et qui méritent une mention particulière : celle qui nous a été présentée dans la dernière séance est dans ce cas. Elle est produite par un *chou-brocoli, brassica oleracea botrytis,* Linn. Cette plante, tout comme les diverses variétés de l'espèce, ne sont que des monstres dans l'état où nous les offre la culture. La variété *brocoli,* plus que les autres encore, est sujette à ces excroissances contre nature ; la surabondance de sucs nourriciers se porte dans la tige naissante, et y produit un gonflement en forme de tête épaisse, charnue, mamelonnée, de couleur légèrement vineuse, et qui est susceptible de se ramifier et de porter des fleurs et des fruits comme les autres choux. Ces masses charnues affectent les formes les plus bizarres et presque toujours agréables à la vue ; j'en ai vu une qui s'élevait en serpentant à la hauteur de près d'un mètre, et qui était couronnée et garnie dans toute sa longueur de petites

têtes de fleurs n'ayant pas plus de quatre centimètres
de saillie, dont l'ensemble faisait un superbe effet.

La monstruosité sur laquelle vous m'avez demandé
une note, Messieurs, offre une anomalie dont je ne
trouve pas d'exemple dans les ouvrages de physio-
logie végétale qui sont à ma disposition. Tous les
observateurs sont d'accord sur ce que la surabondance de nourriture dans les variétés de choux-*fleurs*
et *brocolis,* se porte sur les branches de la véritable
tige, tandis que dans les autres variétés, c'est tantôt
dans les feuilles, la souche ou la racine que ce suc
s'accumule et y produit ces prodigieux développemens, qui sont d'un usage journalier dans la cuisine
du prolétaire. Dans l'individu qui nous occupe, cette
exubérance de sève, au lieu de se porter sur les tiges,
et donner naissance à ces belles têtes de chou-fleur
qui, joignant l'utile à l'agréable, sont servies sur la
table du riche comme un mets délicieux et d'ornement, s'est dirigée sur les pétioles, les a soudés l'un
contre l'autre dans le sens de leurs angles et contrai-
rement à la disposition circulaire des feuilles autour
du tronc; au lieu de former une masse sphéroïdale,
il en est résulté une excroissance plate, comme com-
primée, charnue, n'ayant que deux centimètres d'é-
paisseur, sur trente de diamètre, imitant parfaitement
la forme d'un éventail, assez dure, d'un vert pâle, recouverte sur ses deux faces de rudimens de feuilles
sessiles en même nombre, dans le même ordre et
avec le même arrangement symétrique qu'auraient
eu les feuilles si elles avaient concouru à la formation
de la plante dans l'état normal.

Les tiges implantées sur toute la périphérie de ce
chou étaient terminées par les organes de la fructi-

fication, de forme globulaire, d'autres fois allongés
et tournés en forme de corne, variant tantôt dans
leur longueur, depuis la presque nullité jusqu'à six
centimètres de hauteur; les fleurs colorées, depuis
le vert jaunâtre jusqu'à l'état vineux, les unes grou-
pées, les autres isolées, représentaient des forêts,
d'épaisses bruyères, des mamelons gazonnés, des arbres isolés; enfin tout ce qui peut contribuer à l'imi-
tation de l'aspect d'une montagne boisée, vue d'une
petite distance est la figure la plus vraie qu'on puisse
donner de cette monstruosité.

NOTE

SUR LA VALLÉE DE CARENSA,

Par M. **FARINES.**

La vallée de *Carensa* m'a paru être une des plus
riches localités de nos Pyrénées sous le rapport bota-
nique. J'y ai trouvé toutes les espèces signalées dans
la vallée d'Eyne, et beaucoup d'autres qui ne se trouvent pas dans cette dernière. Malgré la saison avancée
et la pluie qui n'a pas discontinué tout le tems que
j'ai passé sur la montagne, et qui ne m'a pas permis
de bien explorer les lieux, j'en ai rapporté encore
cent cinquante espèces de plantes, dont aucune ne
se trouve dans la plaine. J'ai fait cette singulière remarque, qu'en général le nombre de pieds de la même
espèce y est peu considérable et, par exemple, je n'y
ai vu que trois pieds de *Senecio Tournefortii* et dix de
l'*Eringium Burgati*, tandis que ces deux espèces se
trouvent en grande quantité à la vallée d'*Eyne*.

OBSERVATION

SUR UN DÉVELOPPEMENT EXTRAORDINAIRE

D'UNE RACINE DE PEUPLIER NOIR,

Par M. **FARINES.**

Ce n'est pas sans quelque fondement que plusieurs auteurs ont attribué un instinct aux plantes : il est assez difficile de ne point partager cette opinion, si l'on considère les efforts que font les racines pour aller chercher la nourriture qui leur convient; tout le monde sait qu'elles passent sous un mur, sous un fossé pour atteindre des terrains qui contiennent plus d'engrais, et qu'alors elles prennent un développement considérable. Mais un fait qui peut-être n'avait pas encore été observé, c'est la direction de bas en haut d'une racine pour franchir un obstacle et arriver dans un milieu plus riche en principes nutritifs que celui dans lequel ces racines végétaient.

En cherchant des fossiles dans les marnes tertiaires de la rive gauche du Tech, près du Volo, je fichai ma pioche dans une assise verticale qui céda à un léger effort, et mit à découvert une espèce de tissu formé par des radicules dirigées de haut en bas, et si bien entrelacées, que l'emploi de ma force physique fut insuffisante pour le rompre. Ces racines étaient adhérentes à la face correspondante de la marne, elles avaient végété entre les deux assises; et leur extension en avait opéré l'écartement. Les coquilles qui se trouvaient sur les deux pages étaient réduites en poussière blanche, et remplacées dans les cavités qui les contenaient par un amas de radicules tellement serrées que le moule était exactement représenté, au point qu'on pouvait reconnaître la famille, et quelquefois le genre auxquels ces coquilles avaient appartenu. Il est à regretter que ces protubérances se soient déformées par la dessication ; elles auraient offert une des plus belles pièces physiologiques que ce genre de phénomène puisse produire. Ce développement radical occupait une surface d'environ un mètre carré, et avait de quatre à six lignes d'épaisseur ; les brins étaient sensiblement plus gros à la partie supérieure ; mais ce volume était loin d'être en rapport avec l'état normal de cette partie des végétaux : il formait ce qu'on connaît en physique végétale sous le nom de *chevelu.*

L'endroit d'où sortaient ces racines pour plonger dans la marne, formait une éminence de plus de deux mètres, relativement au sol environnant, et elles se montraient à une profondeur moindre d'un mètre. Aucun arbre, aucun arbuste, ne se trouvait dans la direction du chevelu ; frappé de cette remar-que, je fis déterrer les racines pour suivre leur direc-tion. Elles s'enfonçaient dans un terrain d'alluvion, où à mesure qu'elles devenaient plus grosses elles di-minuaient de nombre ; et enfin j'arrivai au point où je vis qu'une racine, pas plus grosse que le poignet, avait donné lieu, par la subite multiplication de ses bifurcations, à ce prodigieux développement. Au-dessous de cette légère couche alluviale, entièrement composée de cailloux et de sable, il se trouvait une brèche de même nature, unie par un ciment ar-gileux. Ce banc avait une inclinaison à l'opposite de la marne coquillière ; quelques peupliers noirs végétaient péniblement à cinq à six mètres de cet endroit; un seul se fesait remarquer par son feuillage vert et son branchage plus étendu. C'est surtout dans la direction du chevelu, quoique au nord, que les branches de cet arbre avaient acquis une supériorité de croissance qui contrastait d'une manière frappante avec le piteux état de ses voisins: c'est à lui qu'appartenait le phénomène que nous signalons. Les racines de cet arbre avaient poussé suivant les lois ordinaires, c'est-à-dire en s'enfonçant d'abord, et ensuite en suivant la direction propre à l'espèce. Une d'elles ayant rencontré un obstacle (la brèche) au lieu de le longer dans la même horizontalité, de rebrousser chemin ou de s'enfoncer davantage pour chercher à passer en dessous, comme cela a lieu dans beaucoup de cas, prit une direction opposée aux lois habituelles, remonta vers la surface du sol, en rampant en quelque sorte sur la brèche; et, étant arrivée au sommet, s'étendit horizontalement, jusqu'à ce qu'ayant rencontré un milieu qui recélait abondamment des matières nutritives (la marne coquillière) elle s'y divisa brusquement en une multitude d'organes aptes à s'emparer des principes nécessaires à la vie végétale, et acquit ce monstrueux développement.

****

Erpétologie.

PLUIES DE CRAPAUDS,

Par M. FARINES.

La question des pluies de crapauds semble prendre une direction à l'opposite de la marche naturelle des êtres de cette classe, depuis que plusieurs renseignemens, tendant à confirmer la chute de ces reptiles, sont parvenus à l'*Académie des Sciences*. Sans prétendre révoquer en doute la vérité du témoignage des personnes qui sont venues affirmer ce fait, nous pensons que les observations ne sont pas encore assez multipliées, ni assez précises, ni assez détaillées pour admettre les pluies de crapauds. Les explications données sur ce phénomène ne me paraissant ni suffisantes, ni rationnelles, je me permettrai d'émettre mon opinion sur cette question. Je ne pense pas que la chute de crapauds, pendant les pluies, doive être attribuée à des crapauds existant dans l'air ou des nuages, sous quel état que ce soit, mais à des causes particulières et indépendantes de l'atmosphère. Ainsi, par exemple, des crapauds pouvaient être engourdis sur des toits, sur des murs, sur des arbres, et rendus à la locomobilité par l'effet de la pluie ou de l'humidité, se précipiter et atteindre les personnes qui attestent ce fait. Plusieurs fois dans ma vie, il m'est arrivé de voir le sol jonché de petits crapauds avant,

pendant et après des pluies, mais jamais je n'en ai
vu tomber. J'ai été plusieurs fois à même de faire
des observations qui viendraient à l'appui de l'opinion que je présente; mais je ne les ai pas enregis-
trées, parce qu'il n'était pas venu dans ma pensée
qu'il viendrait un jour où je pourrais en faire usage.
Néanmoins, je suis bien mémoratif qu'étant assis (avec
une autre personne que je crois être, sans pouvoir
l'affirmer, M. Textor, capitaine du 43e régiment)
contre le mur d'une ruine près de Millas, nous vîmes
une quantité prodigieuse de petits crapauds qui grim-
paient le long du mur, et qui allaient se cacher sous
les tuiles du toit qui étaient couvertes de mousse. Je
me rappelle encore, qu'il y a une dizaine d'années,
étant à la chasse à l'étang de Villeneuve, il m'a été
raconté par un chasseur d'une petite commune des
environs de Perpignan, qu'au commencement de
l'hiver d'une année qu'il cita, une troupe de canards sauvages s'abattit sur un champ de trèfle où il
n'y avait point d'eau, ce qui est contre les habitudes
de ces oiseaux, que quelques coups de fusil qui leur
furent tirés en firent rester plusieurs; les autres s'en-
volèrent, mais ils ne tardèrent pas à revenir à la même
place, si bien qu'à plusieurs reprises presque tous furent tués. Soit maladresse ou curiosité, quelqu'un s'a-
visa d'ouvrir le gésier d'un de ces canards, qu'il
trouva rempli de petits crapauds; aussitôt la nouvelle s'en répandit, et tous ceux qui y furent encore
à tems vérifièrent ce fait, qu'ils trouvèrent exact :
d'où l'on conclut que ces oiseaux étaient venus
manger des crapauds dans ce champ.

Ainsi, il résulte de ces deux observations, que de
jeunes crapauds vont se cacher sur les toits, qu'ils

peuvent parconséquent rester cachés dans les trous ou les crevasses des murs, qu'ils peuvent monter sur les arbres, se tapir sur les troncs, les branches, sous les écorces; qu'ils restent engourdis ou dans un état d'immobilité sous le gazon, peut-être dans la terre, jusqu'à ce qu'une pluie ou une forte humidité vienne les réveiller et les inviter à satisfaire aux lois de la nature; que, dès-lors, il n'est pas étonnant que, dans certaines localités et à certaines époques, on trouve d'immenses quantités de ces animaux quand il pleut, et qu'il ne l'est pas davantage d'en voir tomber quand on se trouve dans des circonstances favorables. D'après cela, l'on conçoit très bien que les personnes qui ont été témoins de leur chute aient pu croire qu'ils tombaient de l'atmosphère, et en tirer cette conséquence que la transformation des crapauds, favorisée par la pluie, avait lieu dans l'air.

OBSERVATIONS

SUR LES MOEURS D'UNE ESPÈCE DE TORTUE D'EAU DOUCE, *TESTUDO ORBICULARIS*,

Par M. FARINES.

J'avais mis des sangsues dans le réservoir d'un jardin où cette tortue jaune avait l'habitude de plonger; elle y demeurait d'ordinaire quatre à cinq jours, puis en sortait pour y revenir quelques jours après. Mais, depuis qu'il y eut des sangsues dans le réservoir, la tortue n'en sortit plus comme auparavant; seulement elle venait de tems à autre respirer l'air à la surface de l'eau, et dès que quelqu'un s'approchait elle se laissait aller au fond : il lui suffisait même de la vue d'un corps quelconque pour qu'à l'instant, et avec la plus grande promptitude, elle s'enfonçât pour ne reparaître que long-tems après. Si cette espèce de tortue a l'organe de la vue très fin, en revanche elle a l'organe de l'ouïe très obtus, si toutefois elle n'en est pas totalement dépourvue ; car, bien que le réservoir fût placé derrière la porte du jardin, le bruit très aigu de la serrure et des gonds ne paraissait pas être entendu de cet animal qui était toujours à la surface de l'eau lorsqu'on entrait, et ne disparaissait que quand on se présentait devant le réservoir. Pour confirmer cette observation, je fis placer un enfant auprès du réservoir, de manière qu'il ne pût pas être vu par la tortue, et m'étant mis dans une position à la voir, je fis crier l'enfant : l'animal ne fit aucun mouvement, et son cou qui était tendu hors de l'eau resta immobile ; mais lorsque l'enfant eût allongé son bras et eût présenté seulement un doigt dans le réservoir, la tortue disparut.

Craignant avec raison que le séjour continuel de ce reptile dans l'eau, ne fût motivé par l'appât des sangsues, je le retirai du réservoir, et je le plaçai de manière que, pour y rentrer, il lui fallût franchir un petit mur crêpi, de dix-huit pouces de hauteur. Cet obstacle n'en fut pas un pour la tortue qui, après des efforts inouïs, une persévérance et une obstination difficiles à imaginer, parvint à escalader le mur et retourna dans l'eau ; elle mit deux jours et probablement une nuit consécutifs à s'exercer à cette escalade : elle grimpait dans un coin du mur, s'élevait de quelques pouces, tombait toujours sur le dos, se

retournait avec la plus grande facilité en appuyant
sa tête à terre pour recommencer à monter, retomber
au même instant, se retourner et revenir à la charge.
Pendant ces deux jours, je fis de fréquentes visites
au jardin. Je trouvai la tortue toujours occupée au
même exercice, et je remarquai que chaque fois
elle s'élevait un peu plus; enfin, après avoir fait de
petites brèches au mortier à force d'y poser les griffes,
et en s'aidant de sa queue et surtout de sa tête; elle
parvint à franchir cet obstacle, et courut aussitôt se
précipiter dans le réservoir.

Quelques jours après, ayant voulu m'assurer si les
sangsues avaient diminué de nombre, je fus très
désagréablement surpris de ne pas en trouver une
seule dans le réservoir où je les avais mises pour les
conserver.

J'ai remarqué que cette espèce de tortues mangeait
beaucoup de mollusques terrestres et fluviatiles; elle
recherche surtout ces derniers. Pour les avaler, elle
casse les premiers tours de la spire, c'est-à-dire le sommet de la coquille, avec l'extrémité antérieure des
mâchoires, et en retire l'animal avec beaucoup de
facilité, sans en laisser aucune trace. Lorsque les coquilles sont operculées, elle avale l'opercule, qu'elle
rejette ensuite avec les excrémens.

Conchyliologie.

DESCRIPTION

DE

TROIS ESPÈCES NOUVELLES DE COQUILLES VIVANTES

DU DÉPARTEMENT DES PYRÉNEES-ORIENTALES,

Par M. **FARINES.**

1. Unio Pianensis, Nob. Fig. 1, 2, 3.
    Unio Pianensis, Farines (*Boubée, Bul. Giss.,*
        3e sect., pag. 27).
U.. *Testâ transversâ, subæquilaterali, ovalo-te-*
    tragonâ, crassâ, intùs gratissimè carneo-roseâ,
    NEQUAQUAM MARGARITACEA, epidermide nigerrimâ
    rugis crassis regularibus instructâ; natibus sub-
    prominentibus decorticatis; lamina cardinali me-
    dio angulatâ, dentibus triangularibus ACUTIS VER-
    TICALITER SULCATIS.

Longueur. . . . . 0,082 mètres.
Hauteur. 0,048
Épaisseur.. 0,032

Description. Coquille subéquilatérale, oblongue,
épaisse, recouverte d'un épiderme très noir, épais,
luisant, à stries régulières; son nacré intérieur est
mat et couleur de chair dans diverses parties, som-
mets excoriés, le bord inférieur est un peu échancré

vers le tiers postérieur, et les valves déprimées dans cette partie. Cette dépression est d'autant plus prononcée que les sujets sont moins larges et plus épais.

Bord dorsal, presque rectiligne. *Bord antéro-dorsal*, très peu oblique, légèrement courbe. *Bord antérieur*, arrondi, obliquant légèrement en arrière. *Bord antéro-basal*, courbe, obliquant fortement en arrière. *Bord basal*, horizontal, rectiligne, sauf un léger sinus vers son milieu. *Bord postéro-basal*, courbe, subanguleux, très court. *Bord postérieur*, très légèrement courbe, subtronqué. *Bord postéro-dorsal*, un peu long, oblique légèrement courbe.

Quoique M. Boubée (ouvrage cité) dise que cette *Unio* n'est qu'une belle variété de l'*U. littoralis*, que ce jugement résulte de l'inspection qu'il a faite de cette coquille avec M. Deshayes, et que j'aie la plus grande confiance dans les décisions de ce dernier; cependant, après avoir minutieusement comparé ces deux coquilles et avoir mis en parallèle leurs caractères les plus minces, leur éloignement m'a paru tellement tranché, la différence si évidente et prouvée par un si grand nombre de caractères, que toute analogie a disparu pour moi, et il m'a été impossible de ne pas persister dans ma première opinion. Je pense donc que ces deux savans n'ont point porté dans cette inspection toute l'attention qu'elle exigeait, et qu'ils verront la chose tout différemment s'ils se donnent la peine de comparer de nouveau ces deux *Unio :* quoi qu'il en soit, voici le résultat de l'examen comparatif que j'ai fait de l'*U. Piancnsis* avec l'*U. littoralis Drap.* et l'*U. subtetragona Mich.*, ces deux espèces m'ayant paru les seules des *Unio* de France avec lesquelles on puisse la comparer.

L'*U*. *Pianensis* se distingue des deux autres :

1° En ce que la lame interne de son test n'est point *nacrée*, ni *brillante*, mais MATE et SEMBLABLE A DE LA PATE DE PORCELAINE SANS VERNIS;

2° En ce que son intérieur est D'UNE COULEUR DE CHAIR BIEN FRANCHE au lieu de tirer sur le jaunâtre, comme la nacre de l'*U. subtetragona*, ou sur le bleuâtre et le brunâtre, comme celle de l'*U. littoralis;*

3° En ce qu'au lieu d'être *très inéquilatérale*, elle est SUBÉQUILATÉRALE. Aucune espèce de France ne peut lui être comparée sous ce rapport.

4° En ce que, quelles que soient les nombreuses variétés d'allongement de l'*U. littoralis*, sa charnière forme toujours une *courbe régulière* qui suit le contour dorsal des valves. Dans l'*U. Pianensis*, au contraire, la ligne de la charnière est BEAUCOUP PLUS HORIZONTALE, quoique BRISÉE PAR UN ANGLE VERS SON MILIEU. Il en résulte que les crochets de l'*U. Pianensis* sont plus saillans que ceux de l'*U. littoralis;*

5° En ce que le système de charnière est à la fois BEAUCOUP MOINS ROBUSTE proportionnellement, et BEAUCOUP PLUS SAILLANT dans l'*U. Pianensis* que dans les deux autres espèces;

6° En ce que la position des dents de la charnière (caractère essentiel) est presque exactement PARALLÈLE AUX BORDS DORSAL ET BASAL, tandis qu'elle est *très oblique* dans les deux autres espèces. Il suit de là, que la dent double (valve gauche) est sillonnée VERTICALEMENT dans l'*U. Pianensis*, tandis que ces mêmes sillons sont dirigés très obliquement(et souvent même presque parallèlement aux bords dorsal et basal, dans les variétés très allongées de l'*U. littoralis*) dans les deux autres espèces. La même remarque comparative s'applique aux sillons de la dent simple (valve droite);

7° En ce que la dent simple est réellement TRIAN-GULAIRE ET AIGUE dans l'*U. Pianensis*, tandis qu'elle est seulement *subtriangulaire et très obtuse* dans les deux autres espèces;

8° En ce que la forme générale, toujours *ovale plusou-moins allongée* dans l'*U. littoralis*, *ovale-arrondie subtétragonale* dans l'*U. subtetragona*, est OVALE-TRANSVERSE etSUBPARALLÉLIPIPÈDIQUE dans la mienne;

9° En ce que la subéquilatéralité de l'*U. Pianensis*, caractérise fortement son *facies* extérieur;

10° En ce que son épiderme est NOIR et non *brun* comme celui de l'*U. littoralis*, NOIR et non *vert* comme celui de l'*U. subtetragona;*

11° Enfin, en ce que son épiderme est relevé de rides épaisses et RÉGULIÈREMENT ESPACÉES, tandis qu'elles sont *irrégulièrement entassées ou séparées* dans l'*U. littoralis*. L'épiderme est presque lisse dans l'*U. subtetragona.*

HAB., à Pia, village à une lieue N. N. E. de Perpignan, dans le ruisseau qui porte le nom de cette commune. Quoique ce canal reçoive les eaux de la rivière de la Tet, comme les autres canaux d'irrigation des environs de Perpignan, c'est le seul jusqu'ici où j'aie trouvé cette coquille, et encore dans une seule partie, depuis Pia jusqu'au Vernet: au-dessus, je n'y ai pris que l'*U. littoralis;* je n'ai pas visité la continuation de ce canal au-dessous de Pia, où je présume que l'*U. Pianensis* doit être commune. Un fait digne de remarque, c'est que les *Unio* qui, en général, se plaisent de préférence dans les eaux courantes, se trouvent ici au contraire abondamment dans les eaux dormantes et vaseuses; et que nos rivières, le Tech, la Tet et l'Agly, qui sont assez rapides, n'en contiennent point ou fort peu, tandis qu'elles sont abondantes dans la *Basse*, et pas rares dans les eaux stagnantes des fortifications; par opposition, j'ai trouvé l'*anodonta cygnea* dans le Tech, au-dessous d'Elne, dans un lieu sablonneux, et l'on sait que cette coquille aime les eaux tranquilles et les fonds bourbeux.

Utilités. L'*U. Pianensis* est édule; elle est beaucoup moins coriace que l'*U. littoralis;* les cureurs de canaux en mangent en quantité sans en être incommodés; ils prétendent que son odeur est différente des autres *mouscles,* nom qu'ils donnent aux *Unio,* et qu'elle a un goût de viande bien marqué; mais c'est probablement la couleur *carnéenne* de l'intérieur et qui est très intense lorsqu'on en retire l'animal, qui, agissant sur l'imagination, leur fait attribuer au sentiment du goût l'impression produite par le sens de la vision. J'en ai mangé sans prévention, et la seule remarque que j'aie pu faire, c'est qu'elle m'a paru un peu moins dure que l'*U. littoralis.*

2. Helix Desmoulinsii. Nob. Fig. 4, 5, 6.

H. *Testa orbiculato depressâ, utrinquè convexiusculâ subpellucidâ, albafusco unifasciata, longitudinaliter striatâ; umbilico magno pervio; aperturâ transversè ovali, depressissimâ; lamina columellari (in speciem adultis) cum peristomate reflexo albo continuata, margine exteriori libera.*

Hauteur. . . . . 0,006 mètres.
Diamètre.. 0,014
Diamètre en hauteur de

> l'*ouverture*, pris de la
> réunion antérieure des
> deux bords à la jonc-
> tion postérieure du pé-
> ristome.. 0,006
> Diamètre en largeur. . . 0,005.

Cette coquille appartient au sous-genre *Hélicelle* de M. de Férussac; elle est voisine, par sa forme, de l'*H. cornea* et de l'*H. alpina*, mais elle s'en éloigne essentiellement par la forme de la bouche, dont le PÉRISTOME EST CONTINU; sous ce dernier rapport, elle se rapproche davantage de l'*H. lapicida* qui, par sa carène, fait partie des *caracolles*, avec laquelle on ne peut par conséquent la confondre.

Description. Solide, transparente, couleur de corne claire ou blanc sale, *légèrement fasciée*, striée longitudinalement, ouverture un peu *ovale*, presque ORBICULAIRE, caractère qui la distingue de l'*H. cornea*, qui a l'ouverture beaucoup plus ovale, et dont le péristome forme un *angle un peu droit* à son bord gauche; ce caractère est saillant; si on met ces deux coquilles l'une à côté de l'autre, PÉRISTOME CONTINU, blanc, réfléchi, ombilic un peu évasé, très profond, spire aplatie, mais un peu moins que celle de l'*H. cornea.*

HAB. les endroits frais et gazonnés de la montagne des Albères; elle a été trouvée, pour la première fois, près des ruines de l'ancienne forteresse de N.-Dame *del Castell*, par M. Serny, professeur de rhétorique au collége de Perpignan, qui eut l'obligeance de la ramasser pour moi. Je l'ai prise dépuis dans plusieurs autres endroits des Albères, et notamment près de la Tour du Diable.

J'ai donné à cette coquille le nom de M. Charles des Moulins, savant, dont l'obligeance égale le mérite ; je désire qu'il trouve, dans cette faible marque de mon souvenir, un témoignage sincère de mon dévouement et de ma vive gratitude.

3. Helix Xatartii. Nob. Fig. 7, 8, 9.

H. *Testa solida, orbiculato-conoïdeâ, subdepressa umbilicata, longitudinaliter striatâ et irregulariter costulatâ sub epidermide virescente albâ fusco unifasciatâ; aperturâ subrotundâ; umbilico peristomate reflexo albo partim tecto.*

Hauteur.	0,011 mètres.
Diamètre.	0,018
Diamètre en hauteur de l'*ouverture*, pris de la réunion antérieure des deux bords à la disjonction du péristome. . .	0,010
Diamètre en largeur. . .	0,008.

De toutes les Hélices de France, la seule qui ait des rapports avec celle que je décris est l'*H. arbustorum*. Mais un caractère qui éloigne toute analogie entre ces deux coquilles, c'est que celle-ci est simplement *perforée* et appartient au sous-genre *Hélicogène* de M. de Férussac, tandis que l'*H. Xatartii* est ombiliquée, et comme l'*H. Desmoulinsii* doit être rangée parmi les *Hélicelles* du même auteur.

Description à l'état adulte. Test solide, d'une couleur jaunâtre, tirant sur le vert, brunâtre et comme rôtie, surtout sur le tour inférieur de la spire qui

est marqué d'une bande brune, clair-semé de taches
jaunes, plus nombreuses vers la partie postérieure
de la coquille, ouverture semi-ovale, péristome blanc
peu réfléchi, trou ombilical, moyen et un peu mas-
qué par la columelle; cette coquille est très striée et
comme *côtelée* par des replis très saillans, qui sont
probablement des restes d'anciens péristomes; ces
stries, beaucoup plus apparentes en dessous qu'en
dessus de la coquille, constituent un caractère dis-
tinctif entre cette HELIX et l'*H. arbustorum*. La spire,
quoiqu'un peu convexe, est beaucoup plus aplatie,
et sa grosseur beaucoup moins variable que dans les
différentes variétés de l'*H. arbustorum*.

Dans le jeune âge, cette coquille est transparente,
fragile, d'une couleur jaune verdâtre, unie, sans
bande brune, ni taches jaunes, profondément striée;
son ombilic est en grande partie recouvert par la columelle; au fur et à mesure qu'elle avance en âge,
elle acquiert de la solidité, se fonce en couleur,
l'ombilic se développe et se découvre.

HAB. sur toute la chaîne des Pyrénées-Orientales,
à une élévation d'environ 1,200 mètres au-dessus du
niveau de la mer, particulièrement du côté de Prats-
de-Molló, au lieu dit *lo Coll de las Molas*. Elle est assez
commune sur le chemin de *Nuria*, par Campredon,
sur le gazon et sous les pierres le long d'un petit ruisseau en face de *la Coma de Vaca*, sur le pendant de
Font-Llétéra. Je l'ai prise, mais en très petite quantité, auprès d'une fontaine de la vallée *Dorri*, sur un
pied de l'*aconitum napellus*, et en assez grande quantité à l'extrémité de la vallée de *Carensa*, près de la
Cullada de las tres Creus. Il était cinq heures du matin, le soleil commençait à frapper sur cette partie

de la montagne; mais, comme il était tombé une légère pluie peu d'instans auparavant, quelques-unes
de ces coquilles marchaient encore et se retiraient
sous les cailloux et dans les crevasses profondes des
rochers d'où je les débusquai.

Dédiée à mon ami M. Xatart, pharmacien à Prats-
de-Molló, botaniste distingué, qui l'a trouvée le premier, et de la bonté duquel je tiens une partie des
renseignemens que je viens de donner sur son habitation.

EXPLICATION DE LA PLANCHE.

Fig. 1. UNIO PIANENSIS, de grandeur naturelle, montrant l'intérieur de la valve gauche.

2. La même, montrant la valve droite à l'intérieur.

3. La même, vue par le dos.

Fig. 4. HELIX DESMOULINSII, vue l'ouverture en
haut.

5. La même, vue en dessus.

6. La même, présentant l'ouverture et l'ombilic.

Fig. 7. HELIX XATARTII, vue l'ouverture en haut.

8. La même, vue en dessus.

9. La même, présentant l'ouverture et l'ombilic.

Fig. 10. Molaire de *Rhinocéros megarhinus*.

11. La même vue du côté de la couronne.

****

Palæontologie.

RAPPORT

DE MM. FARINES ET FAUVELLE

SUR UNE DENT FOSSILE.

M. **FARINES**, rapporteur.

La dent envoyée par M. Chapsal, curé de Trullas, dont vous nous avez chargés de déterminer le genre auquel elle appartient, est du nombre de ces matériaux destinés aux progrès d'une science qui occupe aujourd'hui des hommes de toutes les classes de la société, et dont l'objet ne se borne pas à nous enseigner ce qui est : cette belle science remonte plus haut; elle nous découvre ce qui a été, et l'on peut ajouter même ce qui doit être; c'est à elle que nous devons d'avoir changé en fait ce qui jusque là n'avait été que le résultat d'une croyance religieuse. La question du déluge, si souvent contestée et si fortement combattue par les philosophes du xviiiᵉ siècle, grâces à la géologie, n'est plus un doute aujourd'hui. De nouvelles observations viennent nous révéler tous les jours l'occupation de tous les continens connus par les eaux de la mer; mais il reste encore à harmoniser les idées religieuses avec les idées scientifiques sur cette question : y a-t-il eu un cataclysme général ou des cataclysmes partiels? Cette question est complètement résolue et parfaitement harmonisée pour les hommes voués à la recherche des secrets de la nature, dont les méditations se portent vers l'étude des faits généraux et qui savent concilier et apprécier les diverses phases de l'humanité ; mais elle a besoin d'être vulgarisée pour pénétrer dans les masses et être bien comprise par tout le monde. L'impulsion que prend la géologie nous fait espérer que cet immense et sublime résultat sera atteint. Nous sommes d'autant plus fondés dans notre espoir, que nous voyons des hommes de paix et de désintéressement, des hommes voués par état à l'amélioration morale de leurs semblables, des hommes libres de toute influence, de toute distraction temporelle, des PRÊTRES, enfin, se livrer avec zèle à l'étude de l'histoire naturelle ; dans de telles mains, les bienfaits de cette science ne peuvent manquer de descendre jusqu'aux moindres intelligences, et ce progrès obtenu nous donne le droit d'espérer de voir se réaliser la plus grande conception de CIVILISATION : *l'instruction de toutes les classes de la société*, et nous disons à dessein *de toutes les classes*, parce que nous avons la conviction que toutes les classes ont besoin d'instruction, et que nous ne demandons pas, avec la plupart des économistes, de n'instruire que la *classe la plus nombreuse et la plus pauvre*.

C'est dans le courant de l'année 1831, que les terrassiers occupés au percement de la route départementale qui conduit de Trullas à Bages, découvrirent dans une marne argileuse, à deux mètres cinquante centimètres de profondeur, des débris d'ossemens et la dent qui vous a été envoyée. M. Chapsal exprime

le regret, qui sera partagé par tous les naturalistes,
que ces ossemens n'aient pas été recueillis; il émet
le vœu que des fouilles soient dirigées sur ce point:
nous partageons entièrement son opinion sur l'utilité
de ces fouilles; mais, comme lui, nous ne pouvons
faire que des vœux pour leur réalisation.

Cette dent est une sixième molaire supérieure gauche; sa forme est un peu quadrilatère, oblique; elle a
6 centimètres de diamètre dans le sens longitudinal,
5 centimètres dans le sens transversal, et 9 centimètres
de l'extrémité inférieure de la racine au sommet de la
couronne. Les racines sont plates, au nombre de quatre, dont deux séparées correspondent aux deux angles de la face externe, et les deux autres, collées à
la base, correspondent aux deux angles de la face interne: elles sont séparées de la couronne par un collet
bien distinct.

La face externe, plate et un peu déclive en dedans,
offre une côte saillante qui se termine inférieurement
par une lame tranchante, et qui forme la plus longue
éminence sur la couronne.

La face interne se divise en deux parties arrondies
à la base, qui se terminent en un sommet obtus, où
commencent les collines transverses.

La couronne a un bord relevé, tranchant, avec
quatre éminences anguleuses du côté externe, et deux
plus obtuses du côté interne; elle offre deux collines
transverses, séparées par une vallée conique de 2
centimètres et ½ de profondeur au centre, longue
de 3 centimètres, et qui se continue jusqu'au bord
interne, où elle divise la dent par une espèce de
gouttière qui descend jusqu'aux racines. A la partie
latérale et antérieure de la couronne, il existe une

fosse conique de 2 centimètres de profondeur, qui est séparée de la grande vallée par une des collines transverses, et qui donne à cette partie de la couronne la figure assez régulière d'un trèfle. Cette cavité paraît avoir été primitivement une petite vallée, car on voit encore à son bord externe la suture occasionnée par le rapprochement de l'émail. Les collines des vallées sont formées par la continuation de la ligne d'émail du tranchant de la couronne, et bordent un ruban osseux.

Les faces antérieure et postérieure sont garnies, à commencer des angles internes jusque vers le milieu, d'une colline d'émail peu prononcée, qui forme un double tranchant de la couronne, mais un peu plus bas et beaucoup plus obtus.

· Cette dent appartient au genre Rhinocéros, et probablement à l'espèce *Megarhinus* [1].

---

[1] Lorsque nous avons fait lecture de ce rapport à la *Société Philomatique*, nous n'avions pas les documens suffisans pour nous prononcer d'une manière affirmative sur le genre auquel devait être attribuée cette dent; depuis, nous avons reçu de M. de Christol son savant mémoire, intitulé : *Recherches sur les caractères des grandes espèces de Rhinocéros fossiles*, avec figures; c'est ce travail qui a levé tous nos doutes, nous a décidés formellement sur le genre, et nous a permis d'indiquer l'espèce à laquelle elle doit probablement appartenir.

Anatomie.

MÉMOIRE

SUR LES FRACTURES DU STERNUM,

Par M. **GRANDÓ**, *membre-résident.*

(EXTRAIT par M. **RIBELL.**)

Après avoir donné la description anatomique du *sternum* et exposé avec détail les rapports importans de cet os avec plusieurs organes, et particulièrement avec les organes renfermés dans la cavité thoracique, M. Grando recherche les causes pour lesquelles cet os, quoique situé immédiatement sous la peau, n'est pas plus souvent affecté de fracture.

«Quoique superficiellement placé, dit-il, le *sternum* est rarement le siége de solutions de continuité, dont les autres os sont si fréquemment atteints. Il doit ce privilége à son organisation et à la manière dont il est articulé, soutenu ou mieux suspendu par les cartilages des côtes, et formé en grande partie de tissus spongieux.

» Nous en possédons cependant plusieurs exemples; et les fractures du *sternum* qui les fournissent, peuvent être divisées en trois classes, relativement aux causes qui les produisent.

» La première renferme les fractures qui ont lieu

par des chocs directs sur le *sternum*, accompagnés toujours de contusions violentes ou de plaies aux parties externes, et de commotions des organes contenus dans la cavité de la poitrine. Tel était le cas que j'ai observé sur une pauvre femme âgée de 60 ans. La partie moyenne du *sternum* était comme broyée, et la crépitation se fesait entendre par les seuls mouvemens respiratoires. La toux était très inquiétante, et il y avait crachement de sang, ainsi qu'épanchement d'air dans le tissu cellulaire sous-cutané. Le traitement anti-phlogistique et l'ensemble des moyens indiqués en pareil cas ont amené la guérison de cette femme.

» La seconde classe des fractures du *sternum*, comprend celles qui s'opèrent par contre-coup, c'est-à-dire par une cause qui a exercé son influence sur un des points éloignés du *sternum*.

» La troisième, enfin, réunit les fractures du *sternum*, qui sont le résultat d'une contraction violente des muscles qui s'attachent à cet os et qui agissent en sens opposé. Tels sont les muscles sterno-mastoïdiens et sterno-pubiens.. . . . .
. . . .

» Voici une observation qui se rapporte à cette troisième classe :

» Pacull, Marie, de Neffiach, âgée de trente-sept ans, mère de plusieurs enfans, d'une bonne constitution, tempérament lymphatico-sanguin, était occupée, le 3 mars 1830, à transporter des olives sur une charrette. La comporte qui les contenait était soulevée par elle, avec le secours d'une autre personne, et exigeait, de sa part, l'emploi de toutes ses puissances musculaires, de telle sorte, qu'étant penchée en avant pour soulever le fardeau, elle relevait lentement le tronc, et puis par un mouvement brusque le renversait fortement en arrière, pour se faciliter les moyens d'éloigner davantage la comporte du sol et de l'élever jusqu'à la hauteur de la charrette.

» Tout à coup, et pendant qu'elle était dans cette dernière position, elle éprouve un fort craquement à la partie moyenne du *sternum*, lequel fut suivi d'une douleur violente et progressive, ce qui força cette femme à porter sa main sur la poitrine et à la comprimer.

» Appelé auprès d'elle un moment après l'accident, il me fut aisé de reconnaître la fracture du *sternum* à l'inégalité que je sentais entre les fragmens, dont l'inférieur était saillant et le supérieur déprimé. Il existait de plus une mobilité contre-nature à la partie moyenne du *sternum*.

» La malade éprouvait de la toux et de l'oppression; des compresses graduées, convenablement distribuées sur les divers points du *sternum*, furent appliquées et soutenues par un bandage de corps. La malade fut condamnée à un repos absolu et placée dans une situation horizontale; la tête, le bassin et les cuisses dans un état de flexion.

» Le 6, je pratiquai une forte saignée du bras, nécessitée par l'augmentation de la toux, la force et la fréquence du pouls et par une insomnie continuelle.

» Un mois après, la guérison était parfaite, et la consolidation de la fracture terminée sans qu'aucun accident bien grave entravât la marche de la maladie. »

Pathologie.

RAPPORT

DE MM. RIBELL ET GRANDO

sur une notice relative à l'Héméralopie, présentée à la Société
par M. POULAIN, chirurgien-major de la division
des Pyrénées-Orientales, correspondant.

(M. RIBELL, rapporteur.)

L'héméralopie, ou aveuglement de nuit, est une affection singulière et peu connue de la vision, pendant la durée de laquelle le malade ne voit rien aussi long-tems que le soleil est sous l'horizon. Au lever de cet astre, il commence à y voir un peu ; sa vue s'éclaircit graduellement jusqu'au milieu du jour, moment auquel il voit aussi bien qu'avant sa maladie ; mais à mesure que le soleil baisse, il perd peu à peu la faculté de distinguer les objets, au point, qu'à l'entrée de la nuit, il ne peut rien discerner qu'à travers un épais nuage, et souvent même la vision est complètement abolie, malgré la lumière artificielle la plus vive.

Dans le mémoire de M. Poulain, il n'est question que de l'héméralopie essentielle, c'est-à-dire de celle qui ne dépend pas d'une autre maladie des yeux, mais qui existe par elle-même ; car il y a quelques infirmités de l'organe visuel, la goutte sereine ou amaurose, par exemple, dans laquelle l'héméralopie se rencontre aussi; mais alors cet affaiblissement de la vue, qui ne permet d'apercevoir les objets qu'à l'aide d'une lumière considérable, n'est que le premier degré de la maladie.

M. le docteur Poulain eut occasion d'observer à Belfort, dans le courant de l'année 1832, une héméralopie épidémique qui régna exclusivement sur les militaires de la garnison.

Dans la première quinzaine de février, douze ou quinze militaires se plaignirent de ne pas y voir le matin avant le lever du soleil et le soir aussitôt que cet astre avait quitté l'horizon. Ce nombre d'héméralopes s'accrut graduellement à la fin de février et dans le mois de mars, au point que le nombre des malades s'éleva au de-là de cent. L'épidémie perdit de son intensité dans le courant d'avril, et à la fin de ce mois il n'y eut plus un seul héméralope.

Chez la plupart de ces militaires, la cécité nocturne fut incomplète; ils conservaient la faculté de voir les objets peu éloignés et les corps brillants; chez quelques-uns la vision fut tout-à-fait abolie, et dans ce cas la pupille était énormément dilatée. Le plus petit nombre, enfin, offrit le retrécissement du trou pupillaire, et ceux-là semblaient y voir mieux que les autres.

Dans cette épidémie, les militaires furent frappés au milieu de la santé la plus florissante; pas d'étourdissement de tête, ni pléthore sanguine, ni embarras gastrique, qu'on pût invoquer comme symptômes précurseurs de l'héméralopie.

Quant à la cause prochaine de la maladie et aux

causes éloignées ou accidentelles, c'est-à-dire à celles qui rendent un certain nombre d'individus propres à la contracter, on ne saurait en assigner aucune. On n'a guère plus de données sur les modifications survenues dans l'œil de l'héméralope.

Cette appréciation est d'autant plus difficile, que cette maladie n'offrant jamais un caractère de mortalité et étant presque toujours passagère, on a rarement la facilité de l'étudier sur le cadavre. Aussi nous ne croyons pas devoir laisser échapper l'occasion de rapporter ici une observation d'héméralopie, recueillie par M. le docteur Chauffard, médecin de l'hôpital d'Avignon, dans laquelle il a pu saisir, après la mort, l'altération des yeux chez son héméralope.

Il s'agit aussi d'un militaire en garnison à Avignon affecté d'héméralopie en même tems que plusieurs de ses camarades. Cette maladie existait, chez ce soldat, depuis trois mois, lorsqu'il succomba à une antéro-colite très intense. Le nerf optique, disséqué avec attention, depuis son origine jusqu'à son entrée au trou optique, ne présentait aucune altération; mais de ce point, jusqu'à son expansion membraneuse, ce nerf était comme comprimé par l'extrème turgescence d'une foule de vaisseaux sanguins, tous sillonnans au tour de la lame interne de la dure mère. Le ganglion ophthalmique était très rougeâtre; l'artère centrale de zenn était dilatée et dans un état de turgescence sanguine. Il existait entre la choroïde et la sclérotique des suffusions sanguines, véritables taches hémorragiques. Ces particularités étaient également développées sur les deux yeux. L'héméralopie de ce militaire et de ses camarades a été attribuée par M. Chauffard à leur séjour dans une caserne récemment blanchie.

Quant au traitement apporté à cette maladie, M. Poulain fait remarquer que celui qui paraît avoir réussi le mieux, a consisté dans l'emploi du mercure doux à l'intérieur, l'application d'un vésicatoire à la nuque, et l'usage d'un collyre résolutif, activé par quelques gouttes d'essence de térébenthine. Il observe, d'autre part, que les militaires qui ont abandonné la maladie à elle-même, et qui n'ont eu recours qu'à des moyens empiriques, ont vu aussi leur guérison; ce qui semble prouver que l'héméralopie est plus effrayante que dangereuse, et qu'il n'est pas besoin d'employer beaucoup de remèdes pour la guérir. Toutefois, il est juste de noter que ces guérisons spontanées n'ont eu lieu qu'après huit ou dix jours, tems double de celui qu'ont réclamé les guérisons par le traitement.

****

Hygiène.

EMPLOI
DU ZOSTERA-MARINA DANS LE COUCHAGE,
Par M. FARINES.

M. Bory-de-Saint-Vincent a annoncé dernièrement à l'*Académie des Sciences de Paris* que des personnes qui s'occupent de l'amélioration du système du couchage adopté en France, se proposaient d'introduire l'usage du *zostera-marina* dans la confection des matelas.

Il y a bien long-tems que les matelas remplis de cette plante sont en usage dans ce département; parconséquent ce système *n'est pas à introduire en France;* mais, si l'on parvenait à adopter la zostère pour le couchage dans les établissemens publics, il y aurait non-seulement une grande économie, mais ce serait une mesure éminemment philantropique. Les feuilles de la zostère, lavées dans de l'eau douce et bien séchées, ne sont pas hygrométriques, et elles ont l'immense avantage sur les matières animales qui entrent dans la confection des matelas d'être à l'abri des attaques des insectes: j'ai remarqué que les puces et les punaises ne s'y attachaient que rarement. On ne saurait assez recommander l'usage des matelas remplis de *zostera-marina* pour le couchage des jeunes enfans; ils n'ont pas l'inconvénient de s'imprégner de mauvaises odeurs, ni de devenir hygrométriques comme les matelas ordinaires. Le *zostera-Europea*, qui se trouve toujours mêlé avec le *zostera-marina*, est tout aussi bon pour cet usage.

Économie Publique.

NOTE

SUR L'ÉCLAIRAGE DES VILLES,

Par M. **FRAISSE**, *vice-secrétaire.*

Désigné, en 1831, pour faire partie d'une commission, dans le but d'améliorer le système d'éclairage de la ville, nous nous adressâmes à M. Bordier-Marcet, pour le prier de nous envoyer un de ses réverbères à réflecteur parabolique pour en faire l'essai.

Ce réverbère à un seul bec, muni de quatre réflecteurs placés à angle droit, fut d'abord posé au carrefour de la rue Voltaire. Le réverbère placé à la maison Lazerme, et celui du carrefour de l'Ange ne furent pas allumés ce jour-là.

L'éclat produit par ce nouvel appareil ne tarda pas à attirer un grand nombre de personnes qui partageaient notre étonnement. L'effet fut tel que dans le cul-de-sac de la rue de l'Ange il y avait encore assez de clarté pour lire.

Dans les anciens appareils d'éclairage, la plus grande partie de la lumière se perdait inutilement sur les murailles ou dans l'atmosphère. Dans ceux de M. Bordier tous les rayons sont utilisés et réfléchis au profit de.

la surface à éclairer; des réflecteurs placés au-dessus de la lampe, et courbés selon chaque localité, envoient dans la direction de la rue toute la lumière qu'ils ramassent.

La sphère de lumière dont le bec de la lampe est le centre, est réduite par les réflecteurs en autant de cônes qu'il y a de rues à éclairer. Ces cônes obliques ont pour sommet le bec de la lampe et pour base une ellipse ayant pour grand diamètre la longueur de la rue, et pour petit diamètre sa largeur; la courbe de ces réflecteurs est calculée de manière à projeter un plus grand nombre de rayons à mesure que la distance augmente, ce qui égalise l'éclairage autant que possible.

Lorsqu'on voit les progrès immenses qu'a fait l'éclairage de nos grands établissemens publics et l'éclairage domestique, on se demande naturellement, pourquoi celui des rues est le même qu'il était il y a un demi siècle.

Si un homme avait inventé il y a quarante ans un mode d'éclairage qui, sans coûter plus cher de premier établissement que celui existant, eût offert économie de combustible et vingt fois plus de lumière, n'auriez-vous pas garanti à l'inventeur de cette merveille, une réussite complète et la reconnaissance de ses concitoyens? Eh bien! cet homme existait, il a lutté et lutte encore contre les vieux préjugés, et plusieurs fois sa fortune a été au moment d'être compromise par le même objet qui aurait dû l'assurer. Bordier-Marcet, inventeur de la lampe astrale, et de plusieurs perfectionnemens remarquables à tout ce ce qui tient à l'éclairage, se trouve dans ce cas. Successeur et parent d'Amy-Argand , inventeur de la lampe à double courant d'air, il avait hérité de son génie. Serait-il destiné, comme lui, à ne pas jouir du triomphe de son invention; mais telle est sa fatalité, qu'un ouvrier, nommé Quinquet, qui ne fit que couder le verre, qui était d'abord cylindrique, donna son nom à l'invention d'Argand.

Voici l'économie qui résulterait de l'emploi des réverbères de M. Bordier pour l'éclairage de la ville de Perpignan.

La ville est éclairée par 188 réverbères de un à quatre becs, en tout 523 becs, qui coûtent 2 c. 04 par heure; ce qui fait un total par heure de 10 fr. 66,92.

Quatre-vingt-neuf réverbères Bordier remplaceraient avec avantage les cent quatre-vingt-huit qui existent. Ceux de Bordier dépensent par heure 0,08 centimes, total. . . . . 6 fr. 76 c.

Il y a donc un bénéfice de. . . . 3   54   60.

On compte ordinairement cinq heures d'éclairage par jour, pendant cent quatre-vingt-trois jours, ce qui ferait une économie de 3,206 fr. 91 cent. 80 par campagne ou par an de cent quatre-vingt-trois jours.

Tout l'appareil complet neuf coûterait environ 10 mille francs.

Et sans compter ce qu'on pourrait retirer des vieux réverbères, l'économie seule payerait tout ce nouveau mobilier dans moins de quatre ans.

MOYEN

de reconnaître, à la seule inspection, les fausses pièces
de 48 et de 24 francs,

Par M. **GROSSET**, trésorier.

---

*Les louis de 48 et de 24, dits de fabrique, offrent les
défectuosités suivantes :*

DÉSIGNATION DES SIGNES.	MILLÉSIMES.	LETTRES.
Fleurs de lys touchant au haut de l'é-cusson.	1784 1785 1788	N ; A.; J.; B.
Idem. maculées.	1788	J.
Idem. de travers.	1786	D J.
Couronne à droite.	1786	B.
Lettres matérielles, inégalement ré-parties.	1786	N.
Idem baveuses.	1786	A.
L'*N* de *REG V.* touchant à l'écusson.	1786	B.
Nez très pointu, legers.	«	H. S.
Cordon mal fait.	1787	V. W.
Sans cordon.	1791	A.
Ne sont points ronds.	1788	H.; R ; N
Au lieu de 11 points qui doivent exis-ter dans la longueur de l'ecusson, il n'y en a que 9	plusieurs années.	plusieurs lettres.
Les lettres de *NA REX.* rapprochées de la tête	1786	D. J.
Parties usées, tirant sur le cuivre.	1788	A.
Blanchâtres.	1785	A.
En platine, doublés en or (très rares).	1786	A.

Économie Rurale.

NOUVELLE MÉTHODE

DE PLANTER LES ARBRES ET LES VIGNES,

Par M. FAUVELLE.

C'est un fait reconnu en agriculture que si rien ne s'oppose au libre développement des végétaux, leurs racines s'étendent symétriquement au tour de la souche, et occupent dans la terre un espace circulaire; que leurs branches s'arrondissent de même au tour du tronc et prennent extérieurement une forme sphérique ou pyramidale.

La meilleure manière de placer les arbres sur le terrain, afin de perdre le moins d'espace possible sans les gêner dans leur développement, n'est donc point d'arranger horizontalement leurs cercles de végétation, comme on le fait en plantant en échiquier, mais on l'obtiendrait en divisant le terrain en losanges égaux, sous un angle de 60 degrés, et prenant le centre de chacun pour l'emplacement des arbres que l'on veut planter. En employant cette méthode, l'espace qui restera entre les arbres, pris quatre à quatre, sera presque nul, et comme la surface du carré qui sert de base à l'échiquier est au losange, ayant même côté que lui, comme 1,000 est à 866, il s'en suit que l'on peut, en mettant la même distance d'un arbre à l'autre, planter en losange 1,000 arbres dans un espace de terrain qui n'en contiendrait que 866, plantés en échiquier.

NOTICE

SUR LA CULTURE DU SAFRAN,

Par M. AYMAR, *pharmacien à Ille,*

membre-résident.

Il y a plusieurs espèces de safran; quelques-unes fleurissent au printems, d'autres en automne; elles offrent de très jolies variétés qui ornent agréablement les plates-bandes des jardins des fleuristes les plus renommés. L'espèce qui fait l'objet de cette note est originaire d'Orient; elle est naturelle à quelques contrées d'Italie; elle est cultivée en grand en Espagne et dans plusieurs provinces françaises. Son importation date du xıv^e siècle; elle est connue dans le commerce sous le nom de safran du Gatinais. C'est le safran cultivé, *crocus sativus,* LINNÉ, de la *triandrie* monogynie, famille des *irridées.*

Jaloux d'introduire dans notre département la culture d'une plante très productive, je me suis livré à quelques essais que j'ai l'honneur de soumettre à la *Société Philomatique.*

En 1831, je me procurai des bulbes de safran que je fis venir de la province d'Aragon, en Espagne; après avoir choisi un terrain léger, et l'avoir préparé de la

6**

manière indiquée dans les ouvrages d'agronomie qu'il
serait superflu de rapporter, vers la fin d'août je mis
ces bulbes en terre, à une profondeur de quatre pouces et distans l'un de l'autre de cinq pouces. Dans certains pays, le Gatinais, par exemple, on les met à une
plus grande profondeur, dans la crainte qu'ils ne soient
saisis par les gelées; mais dans notre pays, où nous
avons à redouter bien rarement que la température
de la glace pénètre jusqu'à quatre pouces dans la terre, cette profondeur me parut suffisante.

Une légère pluie survenue vers la fin du mois d'octobre, détermina la croissance subite de la hampe et
l'épanouissement de la fleur. Je m'empressai de faire
récolter les stygmates; ce travail dura six jours; il se
faisait de grand matin, et quelquefois le soir après la
tombée du soleil, quand je prévoyais que la quantité de fleurs ne me permettrait pas de finir le lendemain matin avant que le soleil n'eût fait fermer la
fleur; malgré que la récolte de safran ne soit jamais
aussi abondante la première année que les suivantes,
le rendement fut cependant supérieur en valeur à
toute autre récolte ordinaire que j'aurais pu mettre
sur le terrain de la safranière.

L'année suivante, je donnai trois labours à ma safranière; le premier au commencement de mars,
le second en juin et le troisième à la fin de septem-
bre. Vers la fin du mois d'octobre je remarquai, comme l'année précédente, que l'extrémité de la fleur
commençait à paraître; mais au lieu de s'épanouir
promptement, elle restait dans le même état, et à
peine si dans quatre jours je pus apprécier qu'elle
eût fait quelques progrès. Me rappelant que c'était à
la suite d'une pluie que cette fleur avait poussé spon-

tanément l'année avant, je crus devoir attribuer son état stationnaire à la sécheresse qui régnait depuis plus de deux mois. Je résolus alors de suppléer à l'humidité naturelle qui paraît indispensable à la floraison de cette plante, par une légère irrigation que je donnai le soir, immédiatement après le coucher du soleil. Le lendemain matin, étant revenu pour voir l'effet qu'aurait produit cette opération, je fus agréablement surpris de voir ma safranière entièrement émaillée de belles fleurs parfaitement épanouies.

Le produit de cette récolte jouissait de toutes les qualités qui constituent un safran de première qualité, d'une belle couleur rouge brunâtre, d'une odeur forte, pénétrante, agréable ; en proportionnant le produit obtenu pour soixante ares, qui font l'*aymi-nate* du pays, j'ai trouvé que cette plante peut fournir 9 livres de safran par ayminate, dont la valeur, terme moyen, est de 20 francs la livre; ainsi une ayminate de terre plantée en safran produit 180 fr. par an; il faut y ajouter encore la valeur des feuilles qui restent vertes tout l'hiver et qui sont un excellent pâturage pour les bœufs. Les frais de culture se réduisent à peu de chose, puisqu'ils consistent en trois travaux par an, dont les deux premiers sont deux béchages superficiels et le troisième un simple ratissage, qui peuvent être faits par des femmes ou des enfans.

Je regrette beaucoup qu'une crue d'eau qui eut lieu dans le mois de novembre de cette année, ait entraîné ma safranière, qui était située près de la rivière, et m'ait privé de présenter une série de faits et d'expériences plus complets sur la culture d'une plante que je n'hésite pas à signaler comme une des principales productions si elle vient à se propager dans ce département. Je voulais attendre le résultat d'une nouvelle expérimentation que je fais cette année; mais le désir que j'ai d'être utile à mes concitoyens, m'impose l'obligation de communiquer à la *Société Philomatique* le résultat de mes premiers essais. Plus tard j'aurai l'honneur de lui faire part de mes nouvelles observations.

Notes Diverses.

« **M. MICHELIN** a visité à Montiers (Oise) plusieurs
puits forés dans les jardins de M. Félix Lagarde. Ces
puits ont donné de l'eau à 75, 95, 125 et 150 pieds.
Ces eaux montent avec une telle force, qu'elles servent
à remplir une rivière de trente pieds de large sur trois
pieds de profondeur, et qu'elles bouillonnent à un pied
au-dessus. »   (*Bulletin de la Société Géologique.*)

— **M. FRAISSE** a annoncé qu'une société, composée de quatre propriétaires, s'était formée à Rivesaltes,
dans le but d'opérer des sondages artésiens, et qu'elle
venait d'obtenir un succès complet dans le premier
essai qu'elle a tenté sur une propriété de M. Raymond
Singla, l'un des co-sociétaires. La sonde qui a servi à
cette opération a été fabriquée par un ouvrier de la
même commune, et les travaux conduits sans le secours d'aucun étranger. Cette fontaine a été terminée
en seize jours : un jet de 4 pouces 2 lignes a jailli à
162 pieds de profondeur.

— **M. FARINES** a remarqué qu'un *Blaps producta*,
du corps duquel étaient sortis quatre *filaria*, n'en avait
été nullement incommodé, et que rien n'annonçait
que cette maladie, fréquente parmi les coléoptères
carnassiers, leur fût nuisible. Il a vu plusieurs fois
des *Abax metallica* rendre des *filaria* immédiatement
après leur immersion dans l'alchool aqueux ou rectifié.

— LE MÊME, à son retour d'une excursion dans la
vallée de *Carensa*, a annoncé à la Société qu'il y avait
recueilli la *Zigena Ephialtes*, *varietas fulcata* qui,

d'après M. Boisduval (*Monographie des Zigénides,* pag. 89) n'avait pas encore été trouvée en France ; la *Zigena exulans,* sur la *Veronica serpyllifolia* et sur l'*Euphorbia esula ;* la *Zigena punctum,* ou une espèce qui n'en diffère qu'en ce que la tache de l'extrémité des ailes supérieures au lieu d'être sécuriforme est globuliforme et isolée. Il y a pris aussi quelques espèces de coléoptères remarquables, entr'autres les *Carabus Pyrenæus; Farinesi; Punctatoauratus;* les *Nebria Jokischii; Pterostichus Xatartii; Merionus squamosus; Elater Pyrenæus; Luperus Pyrenæus;* quelques *Cimindis* et un *Chlænius,* probablement nouveau, du moins non décrit dans le *species* de M. Dejean.

—**M. FARINES** a rapporté de cette vallée la Salamandre terrestre, ayant sept pouces de longueur, marquée de belles taches jaunes irrégulières. Ce Batracien était dans l'eau d'une fontaine marquant 6° cent. Ce fait est à enregistrer, car M. Bosc, à l'article Salamandre terrestre du *Dictionnaire d'Histoire naturelle,* dit qu'on ne la trouve jamais dans l'eau.

—En offrant deux échantillons du *Cyclolites hemisphærica,* M. Farines a fait observer que ce madrepore fossile avait reçu plusieurs noms, et particulièment ceux de *Cunolite* et d'*Histérolite,* et que son origine avait été le sujet d'une foule de contes ridicules.

—**M. FAUVELLE,** en fesant don à la Société de deux pièces de monnaie en argent, l'une à l'éfigie d'Alphonse, roi d'Aragon, et l'autre au millésime de 1644, portant d'un côté un saint Jean et de l'autre l'écu d'Aragon, dit qu'il croit devoir attribuer à cette dernière monnaie l'origine des mots *Barres ou sant Juan,* employés dans le Roussillon dans le jeu de *tête ou pile.*

Compte-Rendu

DE LA SITUATION DE LA SOCIÉTÉ,

PENDANT L'ANNÉE 1854.

C'est aujourd'hui l'anniversaire de la fondation de la *Société Philomatique*, œuvre généreuse, dont l'influence a commencé à se faire sentir, idée philantropique, promptement comprise par les hommes amis de leur pays. Dans un département riche en productions trop peu connues, une institution dont le but est de répandre l'amour des sciences, des arts et de pousser ainsi les esprits vers toutes les améliorations qui peuvent contribuer au bien-être du pays, pouvait-elle ne pas trouver de nombreux collaborateurs? Aussi, dès les premiers jours de son existence (car on ne peut appeler autrement les douze réunions de cette première année) la Société a vu se réunir à elle des notabilités scientifiques et littéraires, dont le concours lui promet un heureux avenir.

Mais pour mieux atteindre les résultats que la Société se propose, il nous a semblé indispensable de former un *Cabinet public d'Histoire naturelle*. Un établissement de ce genre, dont très peu de chefs-lieux de département sont privés, et que possèdent plusieurs chefs-lieux de sous-préfecture, réunissant les productions naturelles du pays, offre une foule d'avantages qu'il est facile d'apprécier : aussi voyons-nous la formation de ces musées locaux devenir l'objet de la sollicitude du gouvernement. Ce serait en effet, pour le pays, d'une utilité inappréciable de trouver réunies dans un même lieu toutes les productions naturelles d'un département éminemment riche en ce genre, et qui n'a été jusqu'à présent que très mal ou très peu exploré.

Infiniment bornée dans ses ressources pécuniaires, il a été impossible à la *Société Philomatique* de faire tout ce qu'elle aurait désiré dans l'intérêt des sciences, des lettres, de l'agriculture et de l'industrie : ses fonds ont été absorbés par les frais de premier établissement, et nous nous plaisons à reconnaître que le bien qu'elle a pu faire, est dû en entier au zèle et au désintéressement de ses membres.

Nous devons des remercîmens :

A l'Autorité municipale, pour l'empressement avec lequel elle a approuvé nos réunions et a mis à notre disposition la salle où elles ont lieu ;

A M. Ferrus, notre président, chez qui nous avons tenu nos premières séances ;

A M. Alzine, archiviste, propriétaire du *Publicateur*, pour le désintéressement avec lequel il a ouvert les colonnes de son Journal à la publication de nos travaux.

Le nombre des membres résidens et correspondans de la Société n'a pas cessé de s'accroître depuis sa formation ; nos archives se sont enrichies d'ouvrages intéressans, et nous avons eu la satisfaction de voir plusieurs Sociétés scientifiques nous témoigner le désir d'entrer en relations avec la nôtre ; de ce nombre nous pouvons citer avec orgueil la *Société universelle de civilisation*, l'*Athénée royal de Paris* , l'*Académie des Sciences de Barcelone*, etc.

Nous n'avons pas été aussi heureux sous le rapport des dons faits à la Société pour ses collections, ce que l'on doit attribuer sans doute au défaut de local pour les recevoir ; mais la disposition prochaine d'un cabinet, nous fait espérer que nos concitoyens voudront bien alors répondre à l'appel que nous leur avons fait.

Perpignan, ce 3 Décembre 1834.

✳✳✳

Tableau indicatif

DES DONS FAITS A LA SOCIÉTÉ

(SECTION DES SCIENCES, ARTS ET AGRICULTURE)

depuis le 1ᵉʳ Janvier jusqu'au 3 Décembre 1834.

OUVRAGES.

DONATEURS.	
MM. Alzine.	Un abonnement au *Publicateur*.
Arago.	*Annuaire du Bureau des Longitudes, pour* 1834 *, in-*18.
Christol Jul. . . .	Planche, avec l'explication des figures, sur les caractères des grandes espèces de Rhinocéros fossiles, in-4°.
Des Moulins Ch.	Notice sur un limaçon de la côte du Malabar, in-8°.
	Catalogue descriptif des hestellérides vivantes et fossiles, in-8°.
	Description d'une nouvelle espèce d'*Unio* vivante, in-8°.
	Description d'un genre nouveau de coquille bivalve vivante, in-8°.

OBJETS DIVERS.

MM. Cayrol. . . . . . . Le sceau de la Société.

Chapsal. . . . . Une dent de Rhinocéros fossile.

Caffe. . . . . Un cristal de chaux sulfatée trapézoïdale.

Courp-Massota. . Un *alcedo hispida*.

Farines. . . . . . . Deux échantillons de lignite et un de fer sulfuré de Paziols.

Deux exemplaires du *cyclolites hemispherica*.

Un échantillon de mine de cuivre de *Carensa*.

Fraisse. . . . . . . Un échantillon de jayet.

Une hippurite de *Costujas*.

Ferrus. . . . . . . Un raisin incrusté de la fontaine de St. Alyre (Auvergne).

Un échantillon du dépôt calcaire de cette fontaine.

Seize échantillons de minéraux.

Gouget. . . . . . . Cent espèces de plantes desséchées.

Grando. . . . . . . Dix-huit espèces de coquilles fossiles tertiaires.

Parès Jh. . . . . . Cent soixante-deux échantillons de terrains provenant d'un sondage artésien.

BULLETIN

DE

LA SOCIÉTÉ PHILOMATIQUE

DE PERPIGNAN

(SECTION DE LITTÉRATURE ET BEAUX-ARTS).

Littérature.

NOTICE HISTORIQUE.

Si les objets qui nous sont tout-à-fait étrangers, le plus souvent nous intéressent, me sera-t-il permis, messieurs, de captiver un instant votre attention en la reportant sur quelques souvenirs qui se rattachent au pays qui nous a vu naître.

Les sentimens manifestés au sujet de ce pays dans la lettre qu'a publiée la Société, dans le journal dépositaire de ses travaux, n° 14, 1834, font beaucoup d'honneur à M. Siau, son auteur. Ils ne peuvent manquer de trouver des sympathies dans l'âme des Roussillonnais; mais si, comme M. Siau l'a écrit: *les connaissances humaines se sont arrêtées, pour ainsi dire, aux portes du Roussillon,* ce n'est point qu'elles y aient trouvé des dispositions contraires. On peut se convaincre que la voie du progrès n'est pas nouvelle pour notre province. Elle y entra bien plus tôt que beaucoup d'autres, et son éloignement aujourd'hui ne doit être attribué qu'au malheur des tems qui ont pesé sur elle, plus que sur tout autre pays; mais en lui enlevant ses libertés, ses franchises, la source de ses prospérités [1], ils ont pu comprimer ses élémens de progrès, mais non les détruire.

Ces élémens, messieurs, sont déjà signalés dans les tems les plus reculés.

Notre pays faisait partie d'une province que l'antiquité distingua déjà au milieu de la barbarie.

La Gaule Narbonaise, dit Ausonne, doit être plutôt regardée comme l'Italie même que comme une province. Elle ne le cède à aucune autre, soit pour la culture des champs, soit pour le mérite de ses habitans et pour la décence de leurs mœurs, soit pour la grandeur des richesses.

Alors que la Catalogne, le Roussillon et la Cerdagne ne fesaient qu'un même pays, on vit sortir de son sein des guerriers, des conquérans, des législateurs [2], des hommes doués d'une ame forte, des hommes entre-

---

[1] Recueillies dans un nouvel ouvrage, brûlant d'une énergie toute patriotique: *Essai sur les anciennes institutions municipales de Perpignan,* par un de nos concitoyens, M. Jaubert-Campagne, avocat.

[2] On les vit conquérir la Sicile, la Sardaigne, l'île de Minorque, faire trembler sur leur trône les empereurs de Constantinople, se partager l'Attique et la Béotie, donner des lois à la Grèce, et s'attirer l'admiration de leurs ennemis (note historique).

prenans, dont l'activité et le courage propagèrent l'industrie, étendirent le commerce dans tout le monde connu, et contribuèrent, par le perfectionnement de leur agriculture et par leurs nombreux établissemens manufacturiers, à l'élévation, à la prospérité et à l'opulence de leur terre natale.

Tableau heureusement présenté dans les n°s 43, 44, 45 et 46 du *Publicateur*, année 1833, par un historien consciencieux, notre compatriote, feu M. de St.-Malo, cadet, trop tôt enlevé aux sciences et aux lettres.

Nos annales historiques, en vous offrant la cour des princes catalans comme le rendez-vous de la bravoure, de la courtoisie et de l'honneur, vous la signalent aussi comme l'asile des arts et le berceau de la poésie, alors nommée *gaie science*.

Les xiie et xiiie siècles retentissent des noms des *Bérenger*, des *Béatrix de Savoye*, des *Alphonse II* [1], des *Jacques I_er_*, et des *Pierre III* d'Aragon [2].

Il faut, disait *Giraud-Riquier*, poète de Narbonne, qui écrivait dans le xiiie siècle :

Il faut que je me confirme dans la voie du véritable amour ; je ne saurais y prendre de meilleures leçons que dans la joyeuse Catalogne, parmi les braves Catalans et les braves Catalanes : galanterie, mérite et valeur, enjouement, grâce, courtoisie, esprit, savoir, honneur,

---

[1] Protecteur des troubadours et troubadour lui-même, mort à Perpignan, en 1196.

[2] Par lettres patentes du 15 des calendes d'avril 1349, dans lesquelles il parle de Perpignan, comme d'une ville qui lui était chère par la fertilité du pays, par l'intelligence et les heureuses dispositions des habitans, qui étaient d'une grande utilité à son royaume, il fonda dans cette ville une Université.

bèau parler, *bonne compagnie et amour*, *prudence et so-
ciabilité*, *trouvent secours à choisir dans la Catalogne*,
parmi les braves Catalans et Catalanes.

Ces accens, souvenirs de cette ère brillante et harmonieuse, si bien retracée dans le *Publicateur*, nᵒˢ
28 et 29, année 1833, par une de nos notabilités contemporaines, M. Puiggari; ces accens, dis-je, ont fait
vibrer la lyre gracieuse et tendre de M. Batlle, et ont
trouvé de l'écho dans la muse vive et légère de M. Sirven. Et si l'antiquité a eu ses Bérose, ses Hipparque,
ses Méton; notre pays peut montrer Arago!..

Retrempé par les souvenirs d'un passé aussi glorieux
qu'honorable, le département des Pyrénées-Orientales,
il faut l'espérer, donnera à juger à ses détracteurs, s'il
ne possède pas autant qu'un autre des élémens pour
tenir la place qui lui convient dans le mouvement
intellectuel général, imprimé aujourd'hui au grand
tout dont il fait partie; et pour nous, messieurs, à
qui les destinées de notre patrie sont chères, fesons
tous nos efforts pour qu'on puisse dire un jour:

Il y eut à Perpignan une société d'hommes à intentions
généreuses, dont les travaux furent utiles à leur pays.

JAUBERT DE RÉART,
membre-résident.

CHOLÉRA-MORBUS.

Un fléau redoutable, acclimaté dans l'Inde, envahit naguère les deux capitales du monde civilisé. Né dans la presqu'île en deçà du Gange, il s'est établi hôte périodique des pauvres cultivateurs des bords de ce fleuve, de l'Indus et du Brahmapoutra.

De ces régions, plongées encore dans les ténèbres du fétichisme, les négocians arabes l'ont conduit en Arabie, en Perse, où règne le dégradant islamisme; et de-là, les hordes de l'autocrate l'ont transporté, par le Dniéper et le Wolga, au sein de la vieille Europe, dans ces contrées où domine le servage et le christianisme le plus arriéré. Le Niémen, la Vistule, l'Oder, lui ont servi de passage pour le communiquer au foyer de la civilisation, comme pour réveiller l'Europe de son long assoupissement, pour l'initier aux souffrances des peuples les moins policés du monde, et lui faire sentir qu'il y a des hommes, dans un autre hémisphère, qui réclament impérieusement les bienfaits de la civilisation.

L'histoire de tous les peuples et de toutes les lois morales du passé, me fournit, au sujet du choléra-morbus, des considérations que l'homme le plus positif ne saurait repousser. Toutes les maladies contagieuses ou infectantes qui ravagent le genre humain,

ne sont que le produit de la misère, de la malpropreté, de l'incivilisation. C'est ainsi que le choléra-
morbus, né dans un pays où la condition de l'homme,
malgré les richesses d'un climat divin, est pire que
celle de la brute, a balayé par milliers les peuples
nombreux qui l'habitent : transporté dans d'autres
climats par les communications commerciales ou par
l'influence de l'air imprégné de miasmes, que les révolutions atmosphériques n'ont pu dégager à son
passage sur les plus hautes montagnes du monde, il a
diminué considérablement son épouvantable cour-
roux à mesure qu'il a rencontré des nations plus poli-
cées. Nous le voyons dans l'Inde entraîner avec une
fureur toujours croissante des peuples entiers ; il cède
lorsqu'il trouve des nations que l'islamisme a éclairées
un peu plus, il diminue encore parmi les chrétiens du
Nord, quoique serfs, et cédant toujours de sa force,
naguère indomptable, il passe presque inaperçu sur
les deux peuples les plus avancés du globe.

Et ce que nous voyons pour toutes les nations du
monde, nous le voyons aussi pour les individus. Le
choléra - morbus a déclaré une guerre à mort à la
pauvreté, à l'extrême misère ; il s'attaque avec une
constance irrésistible aux prolétaires les plus misérables, il s'installe dans ces réduits infects, où gisent pêle-mêle, au milieu des ordures, les descendans des esclaves ; dans ces tristes demeures où le
soleil n'a jamais pénétré, où les sanglots et les larmes
sont les seuls épanchemens des malheureux qui les
habitent ; ah ! le choléra-morbus est leur ange libérateur !

L'imprévoyance sociale ne peut se cacher nulle
part aux yeux de l'homme vraiment philantrope. Il

la découvre partout; mais elle est plus terrible, plus décourageante dans les cas où l'humanité en est la victime prématurée. Si la misère est la cause médiate de ces fléaux qui ravagent le genre humain, il faudrait s'attacher à détruire la misère, en donnant aux peuples le bien-être auquel ils ont un droit incontestable, par un système sagement combiné de travaux qui serviraient à étendre les communications entre toutes les parties du monde, entre tous les peuples, tous les climats; qui initieraient toutes les nations du globe aux bienfaits de la civilisation, à la propreté et au bonheur, qui en sont la conséquence. Alors ces plaies qui détruisent les germes féconds de la vie fuiraient, impuissantes, devant le spectacle d'une association d'hommes, auxquels le travail rendu attrayant aurait procuré toutes les jouissances de la vie, auxquels les sciences rendues populaires, auraient appris à en faire un usage modéré.

Triste condition de la classe pauvre! Vous autres prolétaires, quoique libres, vous êtes souvent dans votre position matérielle plus malheureux que les esclaves de l'antiquité et que les serfs du moyen-âge. Les maîtres des premiers, et les seigneurs des seconds, avaient un intérêt à leur conservation, à leur bien-être, car de la santé de leurs esclaves et de leurs serfs dépendait alors le surcroît de bonheur et de jouissances que ces propriétaires pouvaient se procurer; mais, qui a soin des pauvres prolétaires de nos jours? Ils sont libres, répond-on de toutes parts, qu'ils travaillent. Dérision!... Et combien de ces hommes malheureux périssent de misère sur un triste grabat pour n'avoir pu occuper des bras robustes qui ne demandaient que ce travail que vous leur proposez et qu'ils n'ont point trouvé?

Nous le savons, le genre humain est condamné à travailler : ce n'est que par le travail que toutes les jouissances seront légitimes et que tous les maux disparaîtront. Ce n'est que le travail qui a vaincu la guerre et qui fera désormais notre bonheur; mais ce travail il faut l'organiser afin que tous puissent s'occuper; il faut le rendre attrayant, afin que tous puissent y prendre part. Sans cette organisation, que réclament impérieusement les progrès de l'industrie et la fin du règne de la force brutale, une partie de la société jouirait de tout sans rien faire, une autre serait privée de tout, produisant beaucoup, et un grand nombre d'individus de cette dernière seraient même privés du travail qui leur assure une précaire et triste existence.

Loin de moi, messieurs, l'idée de vouloir allumer la guerre du pauvre contre le riche; je ne veux froisser les intérêts de personne, je déteste les moyens de la force matérielle, et je proscris la violence. Celui qui conserve dans son cœur le moindre sentiment d'antagonisme contre une classe quelconque de la société, celui-là n'est pas encore à la hauteur des lumières du siècle. Sans doute qu'il y a des hommes qui, se traînant à la remorque de la société, voudraient l'arrêter dans sa marche toujours progressive; des hommes qui ont une trop grande idée de leur individualité, et qui préfèrent les moindres plaisirs au bonheur du genre humain; mais je n'ai d'anathème pour personne; je dis de ces hommes comme Jésus-Christ du haut de la croix: «Oh! mon père, par-«donnez-leur, ils ne savent pas ce qu'ils font! »

Mais ne croyez pas que, même en fournissant à la classe pauvre les moyens pécuniaires pour se garantir du fléau, on pût obtenir un résultat complet; il serait convenable sans doute, lorsque le choléra fait son apparition, de la mettre à même de parer· immédiatement au grand désastre qui pèse sur elle; mais tel est l'état d'immoralité et d'abrutissement intellectuel où cette classe se trouve plongée, que peu d'individus appartenant à cette classe emploieraient les sommes reçues à se préserver du choléra. La plupart les dépenseraient dans des vices qui augmenteraient les chances du danger au lieu de les diminuer. Vous avez vu qu'à Paris grand nombre de prolétaires ont été trouvés se livrant à toute sorte d'excès, pendant que le choléra faisait les plus grands ravages, ne croyant pas aux mesures d'hygiène publique proposées par les savans médecins qui ont fait une étude approfondie de cette dangereuse maladie.

Il faut donc, pour que l'humanité puisse se préserver à l'avenir de semblables fléaux, donner immédiatement aux classes pauvres le travail bien organisé dont elles ont un besoin urgent. Il faut assigner un grand but à la grande activité des peuples. Ce n'est pas par une aumône flétrissante et stérile qu'on peut tarir la source de tant de malheurs.

L'Inde aurait dû apprendre de nous la manière de combattre ce redoutable fléau. C'est une leçon d'hygiène publique que la France et l'Angleterre étaient appelées à lui donner. Le monde entier aurait vu de quelle manière les deux nations les plus avancées de l'Europe savent faire face aux misères du peuple.

Lorsqu'un membre du corps humain est malade, des douleurs se font sentir qui annoncent la présence du mal et réclament un remède efficace, de même le choléra-morbus est venu s'appesantir surtout sur la classe indigente, afin de nous révéler encore une fois les malheurs du pauvre, afin de nous faire songer à leur apporter un remède prompt et sûr, pour nous préserver nous-mêmes des maux affreux qui pèsent sur lui.

Les efforts faits en Espagne pour arrêter la fièvre-jaune, ont pu apprendre qu'elle n'est pas contagieuse, et que, comme le choléra-morbus, elle est enfantée par la malpropreté, par la misère des classes indigentes. On a vu qu'en fuyant le foyer de la maladie et renouvelant l'air, la mortalité cessait entièrement. C'est ainsi qu'on a connu les moyens à appliquer à l'Amérique, dévorée périodiquement par la même maladie. Le *bubon* qui ravage d'une manière horrible les contrées de l'Asie Mineure et de la Porte Ottomane a été transporté en Europe, et les moyens employés pour en arrêter les progrès ont appris que cette maladie est seulement contagieuse, et que la seule manière de la détruire, c'est d'isoler de tout contact les individus qui en sont atteints, tandis que le fatalisme des Turcs n'aurait jamais découvert les mesures les plus propres à extirper ce fléau. Ainsi donc je puis dire, sans être optimiste, que Dieu ne permet le mal sur une partie du monde, que pour le plus grand bien de tous les habitans de la terre.

Et ces mêmes malheurs nous indiquent que le monde ne peut rester plus long-tems livré à un pâle et décourageant scepticisme. Il y a quatorze ans que je me trouvais dans une ville attaquée de la peste du *bubon*. Elle y fit de tels ravages, que de 3,000 habitans il n'en resta que 250. J'étais au milieu de la contagion, la mort venait tous les jours nous arracher une partie des êtres vivans. Elle enlevait par centaines les pauvres habitans d'Arta; mais tous mouraient

contens au milieu d'horribles souffrances et sans pousser un seul cri, car tous voyaient le ciel comme le but
et le terme de tant de malheurs. Que donnerez-vous,
ô libéraux, aux pauvres prolétaires de nos jours, au
lieu des consolations que leur donnait autrefois leur
foi religieuse? Le ciel? ils n'y croient plus! Tâchez
donc de les rendre heureux ici-bas.

Par l'association universelle, qui se trouve déjà dans
la pensée des hommes les plus avancés du globe, tous
les peuples seront mis à la hauteur de nos sciences,
de notre morale et de notre industrie; alors tout sera
mis en œuvre pour anéantir les causes malfaisantes
des fléaux qui affligent le genre humain; ces fléaux
disparaîtront, et nous aurons le paradis sur la terre.

Andrew Covert-Spring,

membre-résident.

****

LE GITANO.

—

Le sénat conservateur venait de voter, à la majorité de 497 voix contre 3, une levée de trois cent mille hommes. Napoléon avait dit : «Je veux l'Es«pagne,» et aussitôt on lui avait jeté dans ses rangs toute notre jeunesse. Il lui fallait des chefs pour conduire ses conscrits : l'école militaire lui vint à la mémoire; il fut voir ses enfans. Oh! c'était un beau jour que celui-là, pour la pépinière des héros. L'ancienne demeure de Maintenon, ce lieu où jadis les vers harmonieux de Racine se mariaient aux accents purs et angéliques des jeunes filles, fut ébranlée par ce cri, qui mit tant de populations en émoi : «L'Empereur, «l'Empereur est ici.»

Bientôt la caisse résonne, des cris se font entendre, les ordres se croisent, des pas mesurés retentissent : le premier bataillon de France est sous les armes. L'empereur arrive, son front est ouvert, il sourit; la vue de ces jeunes gens lui rappelle peut-être Brienne : au milieu d'eux c'est un père; ce n'est plus l'homme que l'Europe ne peut contenir.

La manœuvre commence; tout ce que peut la précision, le coup-d'œil militaire, est développé par chacun de ceux qu'il désigne : c'est un aplomb, une habitude de commandement qu'il admire et qu'il loue.

La discipline, qui jusqu'alors a contenu l'expansion de la joie, est par lui un moment relâchée. Bellavesne, par son ordre, a fait rompre les rangs; alors on se presse, on s'avance, on veut voir le héros; chacun cherche à fixer son regard. Oh! quel bonheur, pour celui dont il a touché la joue et caressé la moustache naissante. Une voix cachée, mais pleine d'émotion, a dit: «Et la guerre, quand la ferons-nous?» Ce mot a reporté bien loin la pensée du grand homme. D'un geste il impose le silence, et laisse tomber ces paroles, que recueillent avec avidité tous ces jeunes courages : «Mes enfans, je suis content de «vous, vous êtes dignes de vos aînés. L'on veut en-«core la guerre, l'armée vous réclame. Bellavesne, «nommez cent-cinquante officiers; deux jours à leur «famille, et dans huit jours en Espagne. Allons, vous «serez dignes de l'armée d'Italie.» Il dit, et mille cris de joie s'élèvent, vive l'Empereur! Espagne! guerre, guerre! Napoléon se retire heureux; il vient d'en faire un si grand nombre.

Parmi les jeunes gens que le grand homme envoyait à la gloire, l'on en remarquait un qui faisait exception à la loi générale à laquelle obéissaient les autres. Grave, réfléchi, il avait écouté en silence les noms que l'on appelait. Un éclair de joie avait passé dans ses yeux en entendant le sien, mais aussitôt sa figure était redevenue calme. Ses camarades, que sa douceur, ses bonnes manières avaient attirés auprès de lui, en avaient toujours été bien accueillis; mais, chez lui, point de ces épanchemens de jeune homme; point de ces espérances aventureuses; point de projets de folie, de gloire et de gaîté.

Arthur Raymond(c'est ainsi qu'on l'appelait)n'avait

jamais reçu les caresses d'une mère. Élevé par les
soins d'une vieille dame, qui jamais ne lui avait parlé
de ses parens, et qui, dans les soins qu'elle lui donnait, semblait s'acquitter d'un emploi qu'on remplit
comme un devoir, il était sorti de là pour entrer à
l'Ecole militaire. Le jour de son admission, un homme décoré de plusieurs ordres le fit appeler; lui re-
commanda la sagesse; lui dit qu'il s'intéressait à lui,
qu'il se chargeait de son avancement, et lui remit
une somme d'argent assez forte pour ses menus plaisirs. Cette pension lui fut toujours exactement payée,
mais jamais il ne revit son protecteur; seulement une
fois, passant une revue de l'empereur, il crut le reconnaître parmi les officiers-généraux qui formaient
le cortége.

Cependant, nos jeunes gens avaient été donner les
deux jours accordés aux embrassemens de leur famille
et aux soins de leur équipement. Ils étaient rentrés
dans les murs de St.-Cyr, et le lendemain des chai-
ses de poste devaient les conduire sur le théâtre de
la guerre. Arthur, que la générosité de son protecteur n'avait pas oublié, avait reçu de lui, par l'en-
tremise de son général, tout ce qui lui était nécessaire, et un billet où, lui marquant sa satisfaction
pour ses travaux et sa conduite, son inconnu lui disait qu'ils allaient se trouver ensemble en Espagne;
qu'il aurait les yeux sur lui, et que son avenir était
brillant. Arthur lut cet écrit, l'embrassa; mais une
larme vint mouiller sa paupière. Hélas! se disait-il,
ce n'est pas d'un père; et cependant, il me semble
que j'aimerais tant mon père, si je le connaissais.

Elle partit, légère et pleine d'avenir, de gloire et
d'espérance, cette belle promotion de 1810. Combien

la patrie en vit-elle revenir? Bien peu. Mais tous ceux qui arrosèrent de leur sang la funeste conquête de Napoléon, tombèrent avec gloire, et le courage des enfans chéris de l'empereur était cité comme un exemple, par toutes ces vieilles bandes que tant de victoires avaient illustrées.

Arthur avait rejoint son corps. Prévenu de son arrivée, son colonel le reçut avec considération; il lui parla de son zèle à l'Ecole militaire, et l'exhorta à remplir de même tous ses devoirs. «L'on m'a parlé de «vous» lui dit-il, «l'on vous protége; mais l'on veut «que vous méritiez cette protection.—Dans quelques «jours, j'espère, j'aurai le bonheur de vous fournir «l'occasion de vous montrer digne des bontés de ce-«lui qui s'intéresse à vous.» Arthur allait s'informer. «Point de questions, jeune homme; car, moi-même, «j'ignore ce qui vous concerne. Tout ce que je sais, «c'est que si vous êtes brave et bon, comme je n'en «doute pas, vous pouvez parvenir à tout. Allez, et «profitez de la vie; avec la guerre que nous faisons, «chaque jour lui fait faire un grand pas.»

Tout le monde connaît l'acharnement avec lequel se fit la guerre. Une population entière se soulevait contre l'agression injuste d'un homme qui voulait enlever les souverains légitimes pour placer sur le trône un simulacre de lui-même. Les troupes françaises, disséminées sur tout le territoire, avaient chaque jour à combattre un ennemi d'autant plus dangereux qu'il était plus caché. Arthur avait été envoyé, avec un détachement, dans une petite bourgade de la Catalogne. On avait formé une ligne de postes, pour assurer la marche des convois et des courriers. Il y avait quelques jours qu'il y était établi, quand un homme vint demander à lui parler. A sa figure basanée, à son costume pittoresque, le jeune officier reconnut un des membres de cette famille immense, nommée, en Espagne, Gitanos; en Allemagne, Bohémiens; en Pologne et en Italie, Zingari. Une sorte de recherche dans sa mise, ordinairement si négligée chez ses frères, une noble fierté répandue sur son visage, quoique le chagrin parut y avoir laissé des empreintes profondes, le recommandaient à notre héros. Les ames nobles et tendres ont une vive sympathie pour le malheur.

«Mon officier» lui dit-il, s'exprimant en français avec facilité, «j'ai recours à votre protection. Je «suis poursuivi par les Espagnols. Leur haine voit «en moi un partisan des Français. Ils doivent, et je «suis bien informé, venir cette nuit attaquer ma de- «meure. Si j'étais seul je serais bientôt délivré de «toute crainte, j'aurais bientôt mis les Pyrénées en- «tre mes ennemis et moi; mais j'ai une mère, une «fille, jeune, et que malheureusement je n'ai point «voulu habituer à la vie rude et errante de mes frè- «res. Vous êtes bons et généreux; votre noble nation, «que j'ai su apprécier dans mes voyages, voit dans le «Gitano un homme et non un réprouvé. Je viens me «mettre à l'abri sous le nom français: votre étentard «a toujours protégé le malheur et la faiblesse contre «l'injustice. Veuillez donc me secourir.»

L'ame d'Arthur est émue. Il questionne le Gitano; et bientôt il se dirige lui-même, avec la moitié de son monde, vers l'habitation, dont le proscrit lui indique le chemin, et vient s'établir de manière à pouvoir le protéger.

Le Gitano introduisit Arthur dans une petite maison

où régnait une propreté qui formait un contraste frappant avec toutes celles qu'il avait vu en Espagne jusqu'alors. Une femme âgée essaya de se soulever du lit où elle était couchée, mais ses forces la trahirent; elle retomba affaissée. Au cri de souffrance qu'elle jeta, une jeune fille s'élança près d'elle, et lui prodigua tous les soins que réclamait sa faiblesse. «Mon «officier» dit l'homme errant «voici ce qui m'a empêché de fuir; voici les seuls êtres qui m'intéressent «à la vie; sans eux je ne chercherais point à éviter le «sort dont le vindicatif Espagnol me menace. Quest-«ce que la mort quand on a souffert? c'est le terme «de tous les maux.»

La marche des français n'avait pu être tellement secrète que les Espagnols n'en eussent été prévenus; sachant que le Gitano était protégé, ils n'osèrent réaliser leur plan d'attaque. Éprouvant pour la première fois un sentiment qu'il ne pouvait analyser, Arthur prolongeait son séjour chez son hôte, que sa présence tranquillisait. Maria était si belle, si attentive pour sa vieille mère infirme, et si prévenante pour le jeune étranger! Et lui, jeune homme, pour la première fois il faisait des rêves de gloire et d'amour; Maria s'associait à ses travaux; et quand la gloire le récompensait des périls qu'il imaginait, c'était toujours Maria, toujours la fille du Gitano qui lui présentait la couronne. Oh! combien de douces et suaves pensées vinrent remplir son ame si naïve, lui, jeune homme, qui jamais n'avait connu les plaisirs que donnent la tendresse et l'amitié.—Eh quoi! se disait-il, j'ai trouvé quelqu'un qui peut comprendre et partager mes sensations. Tendre amitié (car le jeune français n'osait nommer l'amour) dont j'avais tant de fois rêvé l'existence, et que je n'avais jamais trouvée, je puis donc enfin goûter vos douceurs. Maria! que ce nom est doux à prononcer! maintenant je tiens davantage à la vie; avec toi, jeune fille, elle serait si douce! et d'ailleurs, qui m'arrête; ta vie? ton existence, n'est-elle pas conforme à la mienne? tes parens sont proscrits; les miens! je n'ai jamais été pressé dans leurs bras: isolé sur cette terre, c'est peut-être à la pitié que je dois le sort dont je jouis maintenant. Fille d'un proscrit, ai-je un nom à t'offrir? un nom! celui que je porte qui me l'a donné? d'où vient-il, quel est mon père? mon père! ah! ne le cherchons pas: peut-être ma naissance est un crime, et j'aurais à rougir devant cette société de corruption. Oh! Maria, fille du proscrit, après la France, à toi toutes mes affections; à toi tous les battemens de mon ame.—Et la jeune fille, aussi, avait puisé l'amour dans les beaux yeux de notre Français : sa voix prenait un accent plus tendre en lui chantant de vieilles romances castillanes, dont l'amour était toujours le sujet.

Il est bien doux à vingt ans de rêver le bonheur, surtout quand c'est une jeune et belle femme qui doit nous le procurer. Mais hélas! que le réveil est terrible si le songe ne se réalise point. Un ordre vint arracher Arthur à ses douces méditations. Il fallut partir. L'Angleterre, qui poursuivait toujours ses projets de ruine contre la France, avait envoyé des secours aux Espagnols. L'armée de Catalogne se portait à leur rencontre, et tous les postes écartés devaient rejoindre le gros de l'armée. Arthur Raymond, à cette nouvelle, sentit réveiller son ardeur de gloire; il voulait être digne de ses aînés : et puis, Maria, dont la pensée se mêlait gracieuse à ces idées de victoire,

tous ces prestiges de jeunesse, ce prisme d'amour au
travers duquel on voit la vie à vingt ans. Revenir
glorieux, offrir à Maria, à son père, à sa vieille mère
un appui, un soutien contre les persécutions dont ils
étaient victimes; oh! à son âge, qui n'a pas rêvé ainsi!
La veille du départ l'on fut triste; le Gitano, retiré
près de sa mère, lui parlait avec agitation; Maria,
les yeux baissés, écoutait le jeune homme, qui parlait de la France, de la victoire avec enthousiasme,
et des larmes venaient border sa paupière. Hélas!
tendre et craintive, elle voyait la mort, droite et
immobile, entre son bien-aimé et les lauriers qu'il
comptait cueillir. Enfin, il fallut se retirer. «Adieu»
lui dit-elle «demain, à l'aube du jour, vous partirez.
«Pensez à la fille du proscrit; pensez à Maria, et si
«sa vie vous est chère, Arthur, ne vous exposez pas.
«Ah! chaque jour, celle qui vous doit le repos dont
«a joui sa vieille mère, et le sien, adressera des vœux
«au ciel pour votre conservation. Adieu.»

Dès le point du jour le tambour bat. Arthur Raymond, dont toutes les joies ont été fortement remuées
par les dernières paroles de Maria, est sur pied le premier; mais son hôte l'a devancé. Il est armé d'un bâton noueux : sa mise est celle d'un homme préparé
à un long voyage. «M. Arthur» dit-il au jeune homme, prévenant sa question, «vous partez; la protec-
«tion que vous m'avez si généreusement accordée me
«deviendrait fatale. Pendant votre séjour ici j'ai pris
«des dispositions. Ma vieille mère et Maria ont un
«asile sûr, et moi je vais rejoindre des frères que
«j'ai du côté de Saragosse et qui me réclament auprès
«d'eux. Vous avez protégé le Gitano; vous vous êtes
«acquis son amitié et son affection à jamais; vous ne

«l'avez point regardé comme un Paria, vous l'avez
«élevé jusqu'à vous; celui aux yeux du quel grands
«et faibles sont tous égaux, vous tiendra compte de
«cette bonne œuvre. Tenez, acceptez cette bague,
«et si vous vous trouvez dans le besoin du secours
«d'un de mes frères, au milieu d'une fête, d'un en-
«terrement, d'une noce, n'importe à quel moment,
«celui auquel vous la montrerez quittera tout pour
«faire ce que vous exigerez de lui. Mes courses me
«rapprocheront souvent du camp français; nous nous
«reverrons. Adieu.» — «Ah! vous me parlerez de
«Maria.» Telles furent les dernières paroles qu'Arthur jeta au proscrit qui s'éloignait.

Je n'entreprendrai point de peindre ici les combats
qu'eurent à livrer les Français; l'univers est plein de
l'histoire de leurs exploits. La guerre se poursuivait
avec vigueur, et notre armée, devant Saragosse, éprouvait toute la résistance que peuvent inspirer le patrio-
tisme et l'exaltation religieuse. L'armée manquait de
tout; quelques paysans, plus éclairés que les autres,
venaient apporter des vivres à nos troupes. Arthur,
qu'un génie invisible semblait protéger, trouvait chaque jour sa subsistance assurée; une main inconnue
fournissait à tout ce qu'il pouvait désirer. Mille fois
il chercha à pénétrer le mystère dont il était entouré,
mais vainement. La charmante Gitana venait se mêler
aux soupçons qu'il formait. Chaque jour il trouvait
dans sa tente, ou on lui faisait remettre, les provisions qu'il aurait dû payer au poids de l'or. Un jour
qu'il pensait à Maria, à son père, la bague qu'il avait
reçue de ce dernier lui revint à la mémoire; il voulut éprouver l'influence qu'elle pourrait exercer sur
les frères de son ami. Non loin du camp, quelques-uns

de ces malheureux Parias avaient établi un bivouac;
Arthur y fut, distribua quelques monnaies aux enfans, et engagea conversation avec tous. Bientôt il
leur parla du Gitano, de sa fille, leur dit qu'il était
leur ami. Au nom du proscrit qu'il leur indiqua,
les Gitanos s'inclinèrent, et quand il leur montra la
bague qu'il tenait de lui, il fut entouré, pressé par
tous, et tous lui dirent qu'il pouvait disposer de la
petite peuplade, corps et biens. Le lendemain de
cette visite, le régiment fut à l'attaque du corps de
place. Le jeune homme marcha au feu comme un
français; partout où le danger était le plus vif, il se
fit remarquer : une balle le frappa au côté, il tomba;
une main amie vint l'aider : c'était un soldat portant
l'uniforme de son corps, mais qu'une cicatrice affreuse
défigurait. Il l'entraîna loin du danger et disparut.—
Arthur, pansé, s'informa de son libérateur, le dési-
gna; on ne put le retrouver : peut-être avait-il été
frappé à son tour. Raymond reçut un nouveau grade :
c'était le prix de sa bravoure. «Ah! si Maria était-là»
s'écria-t-il. «Gloire, amour ne vous réunirai-je donc
«point! »

Cependant Saragosse ne pouvait plus tenir, malgré
l'héroïque résistance de ses habitans. Chaque maison,
transformée par eux en citadelle, avait coûté des efforts surnaturels à nos braves. Il restait encore un
couvent. Ses murs crénelés abritaient un nombre
assez grand de défenseurs déterminés. On employa
la mine. Il fallait un homme dévoué pour y mettre
le feu. Le régiment d'Arthur se trouvait en première
ligne; on fit un appel aux plus braves; la gloire de
l'armée dépendait de ce dernier effort. Dans celui
qui demande un homme de courage, Raymond a

reconnu celui qui deux ans plutôt l'exhortait à ses
devoirs de soldat. Il s'élance : «Général» s'écrie-t-il,
«vous à qui je dois tant, et dont les leçons sont si
«bien gravées dans ma mémoire, aujourd'hui, je
«vais vous montrer si je suis digne de vos bontés;
«me voici prêt; il faut un homme de courage! or-
«donnez. Cachez-moi cette larme qui m'honore; Vive
«l'Empereur et la France! amis, souvenez-vous de
«moi.» Il dit et marche d'un pas ferme vers l'endroit fatal. L'honneur, l'amour de la patrie, le désir de la renommée, si puissant sur un jeune cœur;
tous ces motifs hâtent sa marche. Il approche. «Ma-
«ria» s'écrie-t-il alors «pardonne, la France le com-
«mande, je lui dois obéir. Adieu, Maria! » — «Elle
«veille encore sur toi, et son nom te protège, jeune
«homme, le Gitano vient payer la dette qu'il a con-
«tractée envers toi; tu acquitteras celle de la re-
«connaissance:» et la grande figure du proscrit vint
tout-à-coup se dessiner devant lui. «Écoute; les mo-
«mens sont chers; Maria n'est point ma fille, mais je
«l'aime à l'égal d'une fille; je lui jurai de conserver
«tes jours. Quand tu fus blessé, je t'emportai du champ
«de bataille; je t'ai nourri quand la disette dévastait
«ton camp, et maintenant que pour ta gloire il faut
«brûler ce couvent, et que ta mort doit suivre cet
«incendie, le Gitano mourra pour ta gloire; c'est
«lui qui le brûlera. Ne parle point; cède; il le faut;
«au nom de Maria je l'exige : et moi, en attachant
«le feu à cet édifice, je venge mes frères et je me
«venge. Dis-moi, Arthur, maintenant; tu vois si la
«bienfaisance est récompensée: Adieu; pense au Gi-
«tano; veille sur Maria; tu la retrouveras à la fron-
«tière de France.» Il dit, embrasse le jeune homme

et court à la mine. Arthur veut le suivre; un de ces gestes terribles auxquels l'homme doit obéir, et le nom de Maria, qu'il répète, viennent l'arrêter; une explosion terrible se fait entendre; Raymond, qui espère encore sauver son ami, s'élance au milieu des flammes; les Français le suivent; et Saragosse, mais Saragosse en ruines, est au pouvoir de l'armée.

Et dix mois après cet évènement, assis auprès du feu, souriant doucement à une jeune femme qui passait sa main dans ses cheveux, un jeune capitaine, le comte Arthur Raymond-d'Halville, disait à sa charmante compagne: «Maria, c'est demain le vingt-cinq, «le général d'Halville, notre bienfaiteur, mon père, «car maintenant je puis lui donner ce nom, viendra «nous voir, et nous irons ensemble prier pour le «*Gitano.*»

L. D'HORBOURG,
membre-résident.

LE CONTE DE LA VIEILLE.

Connaissez - vous la contrée où le ciel est toujours brillant, où la voix du rossignol n'est jamais muette, où les fleurs succèdent aux fleurs : c'est le beau climat de l'Orient.

C'est dans ce climat heureux que, frappée du spectacle d'une nature grande et belle, versant d'une main libérale toute la richesse de ses trésors, l'imagination de l'homme créa un langage pour exprimer ses sensations, langage qui fut en rapport avec les objets dont elle voulait publier les merveilles; et le génie allégorique déploya ses aîles; c'est l'esprit de l'antiquité. Source de beauté, de gloire et de jouissances pour les tems modernes; car, c'est inspiré par l'amour de ce langage merveilleux que le génie de la Grèce enfanta ces productions supérieures, que la patrie des Raphaël et des Michel-Ange montre aujourd'hui, avec leurs chefs-d'œuvre, à l'admiration de l'univers.

Ce génie symbolique des anciens tems, dont le berceau remonte aux premiers fastes du monde, s'étendit avec les peuples. Il a parcouru les espaces; il est parvenu jusqu'à nous ; mais brisé, torturé par les mélanges des différens esprits des nations, par l'altération d'une foule de fables de tems et de lieux différens. Il nous est parvenu enfin avec le cortége de toutes les superstitions de l'univers. M. de Saint-Malo, dans un de ses articles des n⁰ˢ 19 et 20 du *Publicateur*, 1833, nous a fait part d'heureuses observations, à ce sujet, sur différentes pratiques de notre pays, qui reflètent encore cette teinte d'orientalisme. Je me suis permis de l'essayer dans mon article des Feux de la St.-Jean, *Publicateur*, n⁰ 25, 1833, et je viens aujourd'hui signaler encore une de ces fables qui me paraît conserver de la manière la plus évidente cette teinte merveilleuse.

L'agriculture a des calculs que nos laboureurs se lèguent de père en fils, comme un héritage. Ces calculs emmènent à leur suite des croyances qui sont religieusement conservées dans les esprits, et qui donnent naissance à des contes, à des fables singulières. Parmi ces contes les plus remarquables je classerai celui de *la Vieille* ou *les jours empruntés*.

Notre ciel rivalisant de beauté avec la terre, les richesses précoces de la végétation de notre sol, l'apparition de l'hirondelle, gentille messagère de ce mois d'avril *qui adoucit la férocité des hommes, avec ses odeurs suaves et ses couronnes consacrées à la reine des amours*, tout à l'envi semble concourir pour offrir l'arrivée des beaux jours ; c'est en vain, nos anciens laboureurs ne sont pas entièrement rassurés tant que les *jours empruntés*, dont ils craignent les influences, ne sont pas passés. Entendez leur raconter, à ce sujet, *le conte de la Vieille, de cette vieille qui ne voulait jamais mourir, pour voir des choses nouvelles.*

C'était du tems que les mois parlaient. Or voici ce qui arriva :

Vers la fin du règne de Mars, la Vieille dit :

En dépit de Mars-Marsell j'aurai sauvé ma truie avec mon goret, ma chèvre avec mon chevreau, ma brebis avec mon agneau, et ma vache avec mon veau.

Mars, piqué du propos de la Vieille, dit à Avril:

Avril gentil, tueur d'hirondelles, prête-m'en un, prête-m'en deux (jours), *avec deux que j'en ai, ce sera quatre pour exterminer tous les bestiaux de la Vieille.*

La fin du conte rapporte que, l'emprunt consommé, il se fit dans les élémens un bouleversement tel qu'il en advint un très grand mal à tous les bestiaux de la Vieille. Après cet évènement, ces jours empruntés furent considérés par la suite comme des jours néfastes, des jours de crainte et de deuil pour la terre.

Le cristal pur et limpide de l'onde s'altère et s'obscurcit à travers les torrens bourbeux qu'elle traverse en s'éloignant du roc dont elle jaillit, de même les traditions se corrompent en s'éloignant de leur source; et, si je puis m'exprimer ainsi, à travers les torrens de tant d'opinions de langages et de préjugés qui se croisent, se heurtent, s'entent les uns sur les autres. Des vérités même dégénèrent en fables absurdes, par le mélange d'autres vérités, mêlées d'autres fables, et deviennent comme le *Conte de la Vieille;* mais il n'est peut-être pas encore surchargé de tant d'absurdités ce conte, qu'il ne conserve le cachet assez remarquable qui le rattache à un des objets les plus importans pour les hommes, la *mesure des tems.* Sujet sur lequel le vieil apologue de l'Orient fait entendre son langage le plus métaphorique.

C'était du tems que les mois parlaient.

N'est-ce pas là ce vieux génie, avec son monde énigmatique, à lui qui employait des objets sensibles pour exprimer sa pensée sur les objets intellectuels? N'est-ce pas l'imagination brillante des orientaux, organisant la nature entière, prêtant un corps, une ame à chacun des mois dont les influences leur donnaient la vie dans la succession continuelle des années? N'est-ce pas un souvenir des anciens mois, réglé sur les révolutions de la lune? N'est-ce pas cette vieille année lunaire, la primitive, fixée à l'équinoxe du printems sus les traits de cette *vieille Perenna*, dont les Romains faisaient la fête à cette époque?

Pour finir d'embrasser tous les caractères de l'allégorie que notre conte a pour objet, serait-il téméraire de reconnaître dans l'emprunt de la Vieille un débris du souvenir de cette intercallation, placée primitivement par les mages à la fin de chaque mois, de ces *jours épagomènes*, mis aussi à la suite de l'année lunaire, pour l'assujettir à l'année solaire vraie; jours qui avertissaient que le soleil était à la fin de sa révolution. C'est peut-être encore l'intercallation mystique opérée à la fin de certains mois par le premier des Césars, qui mit enfin par là un frein à l'arbitraire des pontifes sur l'ordre du calendrier, réforme adoptée plus tard par tous les peuples dépendans de l'empire romain. Ce sont enfin les jours néfastes, les *dies atri*, les jours noirs des Romains, qui les tenaient des Grecs, et ceux-ci des Egyptiens, croyance très répandue et indestructible; tant il est vrai de dire *que dans tous les siècles et dans tous les pays la superstition a des droits qui peuvent bien changer de forme, mais qui ne seront jamais entièrement détruits* [1]. Ses débris,

---

[1] Si dans nos campagnes on croit encore que les grands vents annoncent de grands évènemens, des désastres, des naufrages, des

même les plus défigurés, peuvent être d'un grand secours à la chronologie; car il est certain qu'un profond
examen des superstitions même les plus puériles, des
pratiques les plus singulières, des croyances et des
coutumes les plus bizarres chez les différens peuples
de la terre, présente à la science un sûr moyen de
parvenir à classer les races humaines, à distinguer
leurs filiations, à fixer leurs différens mélanges, à
en connaître la marche, les causes, à en comparer
et apprécier les effets, et par ce moyen éclairer le
vaste empire de l'histoire du monde.

JAUBERT DE RÉART,
membre-résident.

guerres, etc., il y a encore beaucoup de cantons où l'on s'abstient de
décuver le vin dans un jour correspondant a celui de la décollation
de saint Jean-Baptiste, dans la croyance où l'on est que le vin fait ce
jour là reste toujours trouble.

****

SAINT-MICHEL DE CUXA.

Il est des objets dont la vue porte à l'ame une douce tristesse et une profonde mélancolie, et qui laissent long-tems dans le souvenir le sentiment d'une haute pitié. Tel est l'aspect d'une grande infortune ou d'un cloître en ruines : on y trouve à la fois et le néant des grandeurs humaines et la fragilité de notre nature et le peu de durée des choses d'ici-bas; et l'ame, dégoûtée de tant de misères, s'élève sur les ailes de l'avenir et de l'espérance vers un séjour plus beau où rien ne passe, où rien ne se fane, où tout est immortel! Ce sont les impressions que l'on éprouve, lorsqu'en parcourant les montagnes de notre département, si belles et si poétiques, on se trouve tout-à-coup, au détour d'une colline, en présence de quelque monastère ruiné, ou de quelque chapelle dévorée par le tems. Ce sont les sentimens qui m'assaillirent en foule, lorsque, au mois de mars 1833, je fus visiter les ruines de *Saint-Michel de Cuxa.*

En rendant compte de ce que j'ai vu, je n'irai pas, fouillant dans la poussière des siècles écoulés, interroger des chartes, consulter des titres, pour connaître l'année de la fondation de cet édifice, ni le nom de son fondateur; je n'irai pas demander à de vieux manuscrits les franchises dont jouissait ce couvent, ni

les redevances qui lui étaient payées. Je ne cher-
cherai pas non plus dans la mémoire des hommes le
souvenir de la prospérité et de la grandeur de cette
retraite monastique, ni comment elle est passée de
tant de gloire, de tant de splendeur, à tant de misère, à tant d'abaissement, à la mort... Je laisse ce
soin à de plus savans que moi. Je me contenterai de
rapporter ce que j'ai vu et l'état dans lequel se trouvent aujourd'hui ces lieux, trop heureux si, par mon
récit, je puis faire naître chez quelques lecteurs le
désir de visiter des ruines si intéressantes, et qui,
dans quelques années peut-être, achèveront de dis-
paraître de dessus la surface de la terre.

A une demi-lieue sud-ouest de Prades, s'élève l'antique abbaye de Saint-Michel de Cuxa, jadis habitée
par de riches moines, et n'offrant aujourd'hui que
l'image d'une complète destruction. — Cet édifice,
croulant, abandonné, et dont il ne reste pour ainsi
dire que des vestiges, est placé au sommet d'une petite colline, au pied de laquelle bouillonnent les eaux
d'un torrent qu'alimentent les neiges du Canigou, et
qu'on appelle, dans le pays, la *Riberète*. De tous côtés,
à l'entour, s'élèvent des collines en amphithéâtre, qui
semblent s'ouvrir vers l'ouest pour laisser apercevoir
dans toute leur majesté les cimes du Canigou, vieux
géant qui porte dans les airs sa chevelure de frimas.

Un petit sentier tracé sur les flancs de la colline
nous conduisit jusqu'à la porte de l'abbaye, sur laquelle on voit encore des marbres sculptés, représentant des figures de saints et des ornemens bizarres.

Le cintre de cette porte, crevassé en plusieurs endroits, s'est affaissé d'un côté, et menace à chaque instant de crouler. Après avoir franchi le seuil, nous nous trouvâmes dans une vaste cour, entourée de bâtimens délabrés, dont quelques-uns couverts de chaume, servent d'étable à des bœufs. Quelques poules fouillaient çà et là, parmi des monceaux de pierres et des pans de murs renversés.

Au fond, quatre ou cinq marches conduisent dans une seconde cour, aussi vaste que la première, autour de laquelle règne un long portique assez bien conservé. Ce portique, orné de pilastres en marbre, de forme gothique, ressemble beaucoup à celui que l'on voit encore aujourd'hui à Elne, et qu'on appelle *los clastrus*. Au centre de cette cour est une énorme pierre ronde, présentant la configuration d'un bassin. À l'entour, le pavé est caché sous une haute couche de terre en culture. Sur la façade de gauche, on voit un cadran solaire, avec le millésime 1730 ; et sur celle d'entrée, un autre cadran, portant cette inscription : *Horologium in honorem S. Scholasticæ.* Quand tout croule autour d'eux, ces cadrans seuls demeurent intacts, comme pour nous avertir de la marche du tems, et de la fragilité des choses humaines.

Vers le milieu de la galerie de droite s'ouvre une grande porte qui donne entrée dans l'église : c'est ici que la main du vandalisme s'est le plus appesantie, comme si en détruisant le sanctuaire, elle eût pu détruire aussi la divinité. Oh ! que l'homme est insensé ! La faux du tems n'a-t-elle donc pas à elle seule assez de force pour détruire, que nous nous fatiguions ainsi à l'aider, à la prévenir ? Ce temple a pour voûte le ciel, qui forme une belle coupole d'azur, planant sur de hautes murailles blanchâtres. Il reste cependant encore un arceau, formé de marbres sans ciment, suspendus à trente pieds du sol, et menaçant d'écraser le curieux qui ose d'un pied hardi s'aventurer dans ces lieux de solitude et de mort. Au centre de l'église est un petit caveau qui devait servir de sépulture. Derrière le maître-autel s'étend le chœur, dont la circonférence et la voûte peu élevée étaient bien propres à faire résonner les cantiques et les hymnes qu'on y chantait. Je me suis assis dans ce lieu de paix, j'ai recueilli mon ame, et me transportant par la pensée dans ces tems reculés où une foule de religieux vivaient, parlaient, s'agitaient dans ces salles désertes, j'ai cru entendre des voix murmurant des prières ; j'ai prêté l'oreille : c'étaient les soupirs de la brise à travers les débris !... Au milieu du chœur est une fosse à demi comblée, de six pieds de long, sur trois de large ; c'est sans doute le tombeau de quelque moine mort en odeur de sainteté, de l'abbé, ou peut-être même du fondateur de l'abbaye. Autour de l'église, et au fond de chaque chapelle, sont une multitude de corridors et de petits réduits, les uns voûtés, les autres sans toiture, et percés de hautes fenêtres. Ces murs, jadis tapissés de saints tableaux, sont couverts maintenant de cyniques inscriptions et d'images lascives. Le cœur se serre en pensant que les fils de ceux qui dévastèrent ce cloitre, ont froidement insulté à la cendre des morts, et foulé aux pieds la sainte majesté de ces lieux : ainsi donc, à une génération perverse, succède une génération impie !

En suivant les corridors qui entourent l'église, nous trouvâmes aux deux ailes deux clochers très élevés et de forme carrée. Les murs seuls sont encore debout ; ils sont crénelés à leur sommet et percés dans leur hauteur de fenêtres longues et étroites. C'est-là que devait s'agiter le beffroi et tinter la cloche de matines : on n'y entend aujourd'hui que le retentissement des pas du voyageur qui erre dans ces asiles de mort et de destruction. Ce temple, flanqué de deux tourelles, ressemble à une énorme proie étendue sans vie au fond du désert et à demi-rongée par les vautours et les corbeaux.

De là nous passâmes dans les jardins, séparés les uns des autres par de hautes murailles. Des arbres qui semblent aussi vieux que le monde projettent autour d'eux un ombrage majestueux : sans doute ils ont abrité contre les chaleurs de midi quelques-uns des religieux qui dorment maintenant à leur pied d'un sommeil éternel ; sans doute ils ont entendu les accens du prédicateur qui venait, dans la solitude, chercher des inspirations, et qui exerçait son organe en parlant à ces auditeurs muets. Des portiques, des colonnades traversaient ces jardins, dont les murs crevassés sont aujourd'hui tapissés de lierre, de lichens, verdoyans de mousse et sillonnés par des lézards, qui en habitent les fentes et viennent s'y étendre au soleil. De petits réduits, totalement dévastés, semblent indiquer ou des serres ou des berceaux : tout à côté sont divers compartimens, formant des habitations particulières, où nous vîmes la trace de puits, de cheminées et des restes de cellules.

C'est un spectacle vraiment sublime et mélancolique que celui de ces bâtimens qui s'en vont en poussière. Le sureau et l'ivraie croissent dans les chambres désertes, les débris couvrent une partie du sol; le vent gémit à travers les ruines, et par les longues croisées blanchâtres on découvre la campagne verdoyante, des poiriers, des pêchers en fleurs, un figuier séculaire, et plus loin de majestueuses montagnes portant jusqu'au ciel leur éternelle couronne de neiges et de glaçons.

Nous traversâmes un large corridor, au bout duquel s'élève un bâtiment indépendant du cloître; c'était peut-être le logement de l'abbé : une étroite plate-forme plantée de rosiers et d'autres arbustes se déploie le long de la façade, ornée de deux rangs de croisées et d'une grande porte où l'on arrive par un large escalier en marbre. Au-dessus de la porte est un cadran solaire sur lequel on voit encore représenté le buste d'un religieux, de St.-Michel probablement, les yeux fixés sur un soleil avec cette inscription : *Sub uno solis radio omnem mundum collectum conspexit.*

Les battans s'ouvrirent avec grand bruit, et nos pas retentirent dans une vaste salle carrée, entièrement vide : à chaque angle est une porte communiquant à d'autres pièces : celle du fond à droite, qui était la seule ouverte, nous donna entrée dans une énorme cuisine, au-dessus de laquelle s'étendent d'immenses galetas. De la cuisine, on descend dans une basse-cour par un étroit escalier en marbre, garni d'une forte rampe en fer. De là on passe dans d'autres jardins, aujourd'hui entièrement dévastés. Ce bâtiment qui, dans ces lieux ruinés, est la seule chose qui ne tombe pas encore en ruines, est habité par un pauvre fermier, qui mène paître dans les environs une vache, toute sa fortune, et qui se nourrit des légumes plantés par ses mains sur ce sol fécondé par la destruction : c'est la seule personne vivante dans ces lieux déserts, et veillant sur des tombeux qui semblent n'avoir pour gardiens que le silence et la mort!

L'ame pleine d'émotions, je m'assis à l'écart, sur un bloc de marbre, et portant tour-à-tour mes yeux sur les ruines, sur la campagne fleurie et sur les monts blanchis de frimas, je me livrai à des rêveries à la fois tristes et sublimes : cloître majestueux, m'écriai-je, voilà donc ce qui reste de tant de splendeur! voilà cette proie du tems et des révolutions! Ici se trouva jadis une réunion d'hommes sacrés, qui avaient placé cette retraite loin du monde et du bruit, comme un passage entre la vie et le tombeau! là se célébraient les louanges du Seigneur avec toute la pompe et le luxe des cités! Ce temple, ces habitations isolées, placés au sommet d'une colline, semblaient se rapprocher du ciel; et ces pieux solitaires avaient choisi ces lieux déserts pour que leurs prières pussent être mieux entendues du Très-Haut. Maintenant, tout se tait dans ces demeures antiques, ou si quelquefois on y entend une voix humaine, mêlée aux cris des oiseaux sauvages, cette voix n'a que des sons rudes et grossiers, et semble insulter amèrement à l'harmonie dont ces voûtes écroulées gardent encore le souvenir. Où sont aujourd'hui tant de pieux cénobites, dont la vie entière se passait à user de leurs fronts et de leurs genoux ces marbres de l'autel, devenus informes et épars sur le sol? Hélas! triste condition de l'homme! les dépouilles de tant de saints religieux gisent pêle-mêle avec celles de ce cloître, et sur leur commun tombeau croissent à l'envi des ronces et des épines, comme pour effacer jusqu'à la trace de ce qui fut jadis dans ces lieux. Faut-il donc que tout vienne là! Malheureux! nous hâtons de nos vœux, de nos efforts le terme du voyage, nous appelons toujours cet avenir lointain qui semble s'approcher si lentement, et voilà que cet avenir, plus rapide qu'un ouragan, nous emporte avec lui, et que reste-t-il de nous? à peine un peu de poussière sans nom, foulée sous les pieds des troupeaux, et jouet des vents! Ah! non, il serait trop dur de le croire: c'est bien le sort de cette enveloppe grossière, qui ne pourrait s'élever vers le ciel, et qui ne fait qu'arrêter l'ame dans son essor; mais, une fois dégagé, ce pur souffle de vie s'envole vers sa patrie, remonte vers son essence, revient s'unir à ce foyer d'immortalité, d'où il est descendu, poussé par le souffle invisible de Dieu......

Cependant le soleil se couchait à l'horizon enflammé, les vents expiraient sans murmure, et dans ce calme majestueux, dans ce silence de la nature, mon ame, dans une pieuse extase, s'élevait vers l'Éternel!

Alexandre JULIA,

membre résident.

✳✳

ASSASSINAT DU DUC D'ORLÉANS.

C'était par une belle, mais froide matinée du mois de novembre. Des groupes nombreux s'étaient formés à la porte Baudoyer; les bourgeois, recouverts de leurs chaperons neufs et enveloppés de leurs manteaux de dimanche, avaient abandonné le soin de leurs boutiques à leurs femmes, et chacun discutait sur le grand événement de la journée.

«Oui, Messire Guéneau, ils se sont juré bonne foi «et alliance; oh! c'était à en pleurer de joie; les «malheurs de notre pauvre France vont être enfin à «terme. Noel! noel! les deux princes se sont em-«brassés, ils ont partagé la sainte hostie que leur a «présenté notre seigneur l'abbé de Saint-Germain. «Orléans et Bourgogne, Bourgogne et Orléans, main-«tenant les deux ne font qu'un. Vous pouvez ajouter «foi à mes paroles; un oncle de ma femme, chevecier «de notre dame, assistait à la cérémonie Il vient de «me dire ce que je vous raconte; et d'ailleurs nous «allons voir le cortége. Je les ai vus sortir de l'hôtel «Saint-Paul, tous deux sur le même cheval, comme «deux bons frères et alliés.»

—«Dieu nous ait en sa garde, voisin Jehan Morin; «mais j'ai bien peu de confiance en ces raccommo-«demens. Fussent-ils sincèrement unis , qui paiera

«les frais de cette alliance? le pauvre peuple! Ah!
« un vieux dicton de nos pères a bien raison : *Union*
«*des grands, ruine et servage des faibles*. — Auparavant
«nous n'avions qu'un maître à la fois, nous étions
«rançonnés et taxés, tantôt au nom de Bourgogne,
«tantôt au nom d'Orléans; maintenant, voisin Jehan,
«ce sera deux bourses à remplir, sans compter celle
«du duc de Berry, dont le coffre est, je crois, comme
«le tonneau des Danaides.»

—«Messire Guéneau» reprit Jehan «vous voyez
«tout en noir. Le duc d'Orléans est un jeune et beau
«prince. Encore la veille de la Toussaint, il envoya
«prendre chez moi six belles pièces d'étoffe, qu'on me
«paya bien en beaux écus au soleil; et pour nous au-
«tres, boutiquiers, longue vie aux princes généreux
«et galans. Ah! par la vierge Marie, notre digne mè-
«re, la dame de Cany était brave et belle avec les
«étoffes et la fourrure de *Menuvair*, que j'avais ven-
«du au prince. Quant au Bourguignon, que lui re-
«procherez-vous? c'est bien le père du peuple; n'est-
«ce pas lui qui toujours défend nos droits?»

—«Ami drapier, je crains plus le loup recouvert
«de la peau du chien dans la bergerie, que lorsqu'il
«marche, à découvert, sur le troupeau.»

La conversation fut interrompue entre nos deux
bourgeois, par des cris qui retentissaient à la porte
Baudoyer. Noel! noël! Bourgogne! Orléans! se faisaient entendre, répétés par mille voix, et une foule
immense se portait au-devant des deux princes qui
revenaient de se jurer paix et amitié sur l'autel, entre les mains de l'abbé de St.-Germain.

Les deux nouveaux amis se rendaient à l'hôtel
St.-Paul, où les attendait un festin somptueux. Ils

montaient le même cheval blanc; et le duc d'Orléans, par honneur, avait cédé la première place à
son cousin de Bourgogne.

La figure des deux princes dénotait en ce moment
solennel le caractère de chacun d'eux. A son air ouvert, souriant, plein de gaîté, on reconnaissait dans
Louis d'Orléans, ce jeune prince, à la tête folle et
légère, oublieux d'un service comme d'une injure,
protégeant un ennemi, comme desservant un ami,
aimant le peuple, qu'il accablait d'impôts pour satis-
frire ses passions, et détesté de ce même peuple,
qui, ne voyant en lui qu'orgueil, luxe et débauche,
ne tenait compte en rien de ses bonnes qualités, et
lui préférait en tout le duc de Bourgogne.

Jean-Sans-peur, que Bajazet épargna à la bataille
de Nicopolis, en le jugeant à son visage sombre et
sévère, et qu'il renvoya sans rançon, en disant qu'il
rendait à la chrétienté son plus grand ennemi, con-
servait, en cette circonstance, le farouche regard qui
lui avait valu sa liberté. Il répondit avec un sourire
forcé aux acclamations de la foule qui se pressait au-
devant de lui; et ces cris de vive Bourgogne semblaient irriter son ennemi.

Le duc d'Orléans s'aperçut de ce qui se passait dans
l'ame de Jean-Sans-peur. Un bon mot était si doux
pour lui, surtout contre son bien aimé cousin de
Bourgogne. Il ne put se retenir, malgré les signes
que lui faisait leur oncle commun, le duc de Bourbon.

—«Vive Dieu! beau cousin, les ribauds vous ai-
«ment, et la porte Baudet doit vous plaire. Ah!
«pourquoi dame Marguerite, votre belle épouse,
«n'est-elle pas ici? Son noble cœur s'épanouirait

«d'entendre hurler tous ces vilains enchaperonnés.
«De par Dieu et monseigneur Saint-Denis, je me
«réjouis; le nom de Louis d'Orléans n'est pas sali en
«passant par la bouche de ces boutiquiers. » Jean-
Sans-peur fronçait le sourcil, il s'apprêtait à répondre.
En ce moment on arriva à l'hôtel St.-Paul, et quand
les écuyers des deux princes s'approchèrent pour leur
tenir l'étrier, le duc de Bourgogne, se penchant vers
le sien, lui dit, à voix basse, ces mots: «Raoul, vien-
«dront-ils?»—«Tout est prêt, monseigneur, comme
«vour le désirez,» répondit le gentilhomme en l'aidant à descendre de cheval.

Les deux princes montèrent ensemble, ils se tenaient par la main. Isabeau de Bavière les reçut à la
porte de la salle du festin, auquel elle présidait avec
les ducs de Bourbon et de Berry.

Aimable et joyeux convive, Louis d'Orléans poursuivait de ses saillies l'humeur noire de Jean-Sans-
peur. «Beau cousin, je bois ce verre de Bourgogne
«à votre conservation; ne me ferez-vous point raison
«avec votre vin d'Orléans? Ah! quoi qu'en disent ces
«bons habitans de Paris, qui vous aiment tant, que
«toute chose mauvaise ou *toute femme vitupérée vienne*
«*d'Orléans* (propos parisien historique) goûtez notre
«vin; il flattera, j'espère, votre gosier de prince.»
—«Louis, je bois à vous et à votre Valentine.»
—«Oh! Valentine, laissons-la à notre cher sire et
«roi Charles VIe, il la tient en chartre privée; elle
«seule l'amuse et le console: Dieu lui donne longue
«vie pour le plaisir de notre seigneur et maître! Ah!
«dame de beauté, Besange, dame de Cany, votre re-
«traite est donc terminée? oh! les heureux coquins
«que ces moines de St.-Victor, d'avoir gardé quinze

«jours trésor si gentil, et votre mari s'apprivoise-t-il?
« Beau cousin de Bourgogne, le croiriez-vous? le sire
« de Cany voulait nous enlever cette perle, cette étoile
« brillante de notre cour. » — «Louis, elles pâlissent
« bien vite à Orléans ces étoiles. » — «Merci, Jean,
« encore un mot de la porte Baudet. Ah! s'ils vous
« entendaient les boutiquiers, comme ils crieraient
« noël ! »

Et le festin se passa de cette manière: Louis attaquant sans cesse le duc de Bourgogne, irritant ce
caractère haineux et vindicatif, et Jean-Sans-peur
méditant de venger, par un coup de poignard, les
blessures que lui faisaient au cœur les sarcasmes du
joyeux favori d'Isabeau.

Un bruit peut-être faux, mais auquel les forfan-
teries du duc d'Orléans avaient donné de la consistance, agitait l'esprit soupçonneux du Bourguignon.
Son épouse, la belle Marguerite, avait été, disait-on,
l'objet des attentions du jeune Louis, et on laissait
croire qu'elle n'avait pas été insensible aux séductions
de ce prince si aimable, auquel nulle femme de cette
époque n'aurait songé à résister.

Jaloux et vindicatif, le duc de Bourgogne avait
accueilli ces bruits. Le soupçon une fois jeté dans son
cœur y avait germé; il voulait s'assurer de la vérité à
quelque prix que ce fût; et si le crime de Marguerite était avéré, tout le sang de son séducteur devait
à peine suffire pour laver la tache faite à son honneur.

Libertin plein d'ostentation, Louis d'Orléans avait
fait faire le portrait de toutes les femmes qui s'étaient
données à lui, et dans cette espèce d'oratoire, il passait ses heures de débauche avec quelques confidens

intimes. A tort ou à raison, le portrait de Marguerite de Bourgogne occupait la place la plus apparente dans ce musée d'orgueilleuse dépravation.

Louis ne savait pas cette vérité si grande, qu'il se faut bien garder d'irriter un reptile si on ne lui écrase la tête après l'avoir attaqué. Parmi ses compagnons de débauche, il y avait un gentilhomme picard, nommé Raoul d'Octonville, trésorier de l'épargne du roi. Appuyé du crédit du prince, celui-ci avait malversé dans la gestion des fonds qui lui étaient confiés, et le duc d'Orléans, dans un de ces courts momens de justice et de sévérité, l'avait exclu de son intimité et dépossédé de son emploi. Irrité de cet affront, Raoul avait juré de s'en venger. Il connaissait le duc de Bourgogne, et savait qu'un ennemi du nom d'Orléans était le bienvenu auprès de lui; il s'y rendit, conta à son nouveau maître l'histoire du portrait de Marguerite, et activant la haine terrible de Jean, eut l'assurance qu'il avait trouvé un vengeur. A la suite du festin, le bal s'ouvrit. En s'y rendant, le duc d'Orléans trouva sur ses pas Raoul d'Octonville : «Qu'on me chasse ce «drôle» s'écria-t-il. —«Seigneur» lui répondit fièrement le picard, «j'appartiens au duc de Bourgogne, «dont je suis le premier écuyer; le rabat devra-t-il «encore se frotter contre le bâton noueux?» Louis ordonna qu'on le laissât; mais ce nouvel affront avait encore plus envenimé la haine de Raoul; bientôt, à l'aide du trouble de la fête, il s'approcha de Jean-Sans-peur, que le bal fatiguait; et, l'attirant dans un coin de la salle: «Seigneur» lui dit-il «vos ordres sont «exécutés; les domestiques qui pourraient déranger «vos projets sont gagnés : demain je mènerai moi-«même votre seigneurie à l'hôtel d'Orléans; là elle

« verra sa honte ; c'est à vous de juger si l'écusson de
« Bourgogne doit rester entaché de cette souillure. »
—« Non, de par le Dieu vivant » s'écria Jean-Sans-peur;
« Raoul, tu es une ame damnée ; mais si tu dis vrai,
« j'en donne ma parole de prince, si tu me fais tou-
« cher du doigt cette terrible iniquité perpétrée à mon
« égard, et qu'elle me soit certaine, Raoul, je le ré-
« pète, ma parole de prince, à toi les richesses, mais
« à moi, à moi seul, à Jean de Bourgogne toute la part
« de vengeance. » Puis calmant ses traits, que la rage
avait décomposés, maître de lui-même, le duc de
Bourgogne s'approcha d'Isabeau et de son cousin ; et
après avoir reçu et donné le baiser de paix et d'amitié,
il se retira roulant dans son cœur mille noirs projets,
qu'il ne devait, hélas! que trop réaliser.

Et le lendemain soir, à l'issue du conseil, léger et
riant, Louis courait, suivi de quelques favoris, oublier les fatigantes caresses de la Jézabel de la France
auprès d'une petite bourgeoise de la rue de la Juive-
rie, folâtrant avec les jeunes débauchés qui encoura-
geaient ses vices dont ils tiraient parti. Le jeune homme plaisantait sur les suites qu'auraient un jour pour
lui, au tribunal de Dieu, ses amours avec une infi-
dèle, et étouffait ses scrupules par la promesse au
ciel de la fondation d'une église.

Cependant, deux hommes, revêtus de longs manteaux, le chaperon rabattu sur les yeux, se glissaient
mystérieusement le long des murailles élevées de
l'hôtel d'Orléans. L'un guidait la marche de l'autre.
Arrivés à une petite porte, elle s'ouvrit à un signal
que fit le premier. Ils franchirent le jardin rapidement, pénétrèrent dans les appartemens sans ren-
contrer personne qui pût s'opposer à leur dessein.

Parvenus à une chambre assez retirée, le guide tira
son poignard, le plaça dans la serrure, qui céda à
l'effort qu'il fit; la porte s'ouvrit, le second se préci-
pita dans la chambre, tourna vers la muraille une
lanterne sourde qu'il portait, fixa un portrait, poussa
un cri sourd; puis se retournant vers son compagnon:
«Raoul, je tiendrai ma promesse» s'écria-t-il «à toi
«l'or, je l'ai dit; mais, à moi, sa vie, son sang, ah!
«j'en ai soif. Bajazet, merci de m'avoir épargné au-
«trefois.» Il dit, et son guide l'entraîne. Les gardes
de l'hôtel de Bourgogne, quelques momens après, se
rangeaient devant leur maître qui rentrait.

«Vas me chercher maître Alysius, le physicien;
«Raoul, la nuit a été belle, il a pu achever son opé-
«ration. Le ciel, me dis-tu, favorise mon plan de
«vengeance; voyons si le *mire* sera d'accord avec toi.
«Ah! Raoul, que cette vue m'a fait mal! Marguerite,
«ma douce et bien-aimée Marguerite placée au milieu
«de ce tas de femmes sans pudeur! Ah! Louis d'Or-
«léans, c'est impossible, ce ne peut être vrai, si gente
«fleur n'a point succombé sous ton souffle empoi-
«sonné; mais le tourment que j'éprouve, ah! tu de-
«vras le payer bien cher.»

—«Eh bien! Alysius» dit le duc au physicien qui
entrait; «bon et savant Alysius, votre opération est-
«elle achevée; mon étoile et celle du duc d'Orléans
«ont elles été mises en rapport; voyons que disent
«les cieux.»

—«Puissant seigneur, j'ai observé le passage des
«astres; votre étoile et celle de monseigneur d'Or-
«léans ont été en contact. L'étoile de Vénus se mê-
«lait à eux pendant un moment; puis vint Saturne,
«suivi d'une auréole rouge, qui bientôt vous entoura

«tous les trois, et l'étoile de Vénus disparut. Tenez,
«monseigneur, le ciel présente encore le même as-
«pect; je puis expliquer l'opération devant vous.»
Et le rusé jongleur, plus instruit que ceux de son
espèce, gagné par les séductions de Raoul d'Octonville, sachant très bien qu'il servait les secrets sentimens de son maître, lui donna des explications qu'il
savait d'accord avec ses désirs.

Jean s'approcha d'une des fenêtres en ogive du palais; et, suivant avec anxiété le mouvement idéal de
deux étoiles qu'il avait plu à ce rusé physicien de
nommer étoiles de Bourgogne et d'Orléans, il vit que
Saturne et son anneau paraissaient les envelopper;
l'astre de Vénus se voyait à peine de l'endroit où le
mire avait placé son maître. «Voyez, seigneur, voyez,
«votre étoile poursuit sa route glorieuse, celle du duc
«d'Orléans la suit à peine. Cette nuée rougeâtre qui
«s'est formée à l'instant dans les cieux, au moment où
«Vénus paraissait se mêler entr'elles deux, annonce
«guerre entre vous; il doit y avoir du sang, monsei-
«gneur, les cieux l'indiquent assez, et en reportant
«mes yeux sur le livre qui correspond à mes obser-
«vations célestes, j'y ai lu ces paroles remarquables
«de l'écriture : *Contundet brachium peccatoris : Il frap-
«pera le bras du pécheur.*» — «Oh! ce pécheur, c'est
«bien lui, l'effronté débauché.»—«Puis, par le cal-
«cul, assemblant les nombres d'années de vos deux
«étoiles, les combinant entr'eux, j'ai trouvé le nom-
«bre vingt-trois.» — «Plus de doute, c'est demain
«qu'il faut frapper» s'écria le duc de Bourgogne. «Aly-
«sius, merci de tes soins, mon trésorier saura les ré-
«compenser avec ce métal que tu aimes tant, mais
«que tu emploies si mal, puisqu'il se fond sans cesse

« dans tes fourneaux sans rien produire. Dieu te garde
« cependant; un serviteur tel que toi est un bon appui
« dans une noble maison.»

Le duc de Bourgogne n'était pas encore satisfait entièrement; mélant la crédulité à la crainte des châti-
mens de l'enfer, il voulait consulter sur l'acte qu'il
méditait quelque bon religieux : mais d'Octonville sut
l'en détourner. « Puisque les astres annoncent sa mort
« et l'exigent en quelque sorte d'une manière si osten-
« sible, Raoul, il faut leur obéir et donner cours et effet
« à leur volonté; dispose donc tout pour demain au
« soir. Ah! d'Orléans, vous apprendrez comment Jean-
« Sans-peur s'entend en galanteries, et se venge de ceux
« qui veulent faire de lui le but de leurs vexations.
« Beau royaume de France, pour cette fois je serai
« bien près de vous obtenir.»

Raoul quitta l'hôtel de Bourgogne et se rendit dans
une petite maison de la rue Barbette, vis-à-vis l'hôtel
du maréchal de Rieux. Il s'arrêta devant une petite
porte, au-dessus de laquelle on voyait une image de
saint Michel, et frappant d'une manière particulière,
elle s'ouvrit, mais personne ne vint au devant de lui.

D'Octonville n'en avait pas besoin; habile à concevoir un crime et à entrer dans les moindres détails
de précaution que nécessite un forfait, il avait loué
d'avance cette maison. Par ses soins on y avait porté
des bourrées de bois sec, des chausses-trapes; et dix
truands, tous gens de sac et de corde, étaient venus
l'habiter. Au moment où le confident du Bourguignon entra, nos hommes jouaient entr'eux le prix du
sang qu'ils devaient verser, et dont ils avaient déjà
reçu une partie. Raoul avait une crainte, c'est que
ces gens, ordinairement toujours prêts à frapper,

n'hésitassent s'ils venaient à connaître le nom de la victime qu'ils avaient à immoler. Leur chef, vieux débris des anciennes bandes de malendrins, dont Duguesclin avait purgé la France, était dans la confidence; il fallait gagner les autres.

«Bon jour mes maîtres, Dieu et la Vierge vous «gardent, comment passez-vous la vie dans cet asyle; «ne vaut-il pas mieux que la cour des miracles? Eh «bien! que diriez-vous si le service qu'on vous de-«mande était payé à chacun de vous par une maison «semblable, mais bien meublée, et nippée comme «il convient pour mener joyeuse vie.»

—«Noel! noël! hurlèrent les truands, pour une «semblable récompense nous tuerions tous uotre pè-«re.»

—«Eh bien! enfans, ce n'est pas votre père qu'il «faut tuer, c'est un homme de la cour tout simple-«ment.»

—«A mort! à mort les courtisans! Hugues de Gui-«scy, ce mécreant mignon de la reine, m'a brisé son «fouet sur la figure.»

—«A mort! à mort les courtisans! jusqu'au page «Bois-Bourdon qui m'a frappé de sa houssine, or «sus, sus; où faut-il courir. Parlez, sire Raoul.»

—«C'est mieux qu'Hugues de Guisey, mes maîtres, «ou le page Bois-Bourdon; c'est plus que le maréchal «de Rieux. Oh! à quoi sert de vous le dire, vous n'o-«serez pas le regarder en face. Vous n'êtes plus les rou-«tiers d'autrefois.»

—«De par saint Michel, patron de cette maison, «que je voudrais bien être mienne, parlez donc sire «d'Octonville, et vous jugerez si nous sommes dignes «du nom de malendrins; n'est-il pas vrai, enfans?»

—«Oui, oui, de par le Diable, notre père, parlez,
«sire, parlez.»

—«Eh bien! braves malendrins, c'est... c'est...»

—«Parlez...»

—«C'est le duc d'Orléans, frère du roi de France,
«Charles le VIe.»

Et les bandits, à ce nom, baissèrent la tête, le pres-
tige qui entourait alors la royauté agissait. Enfin, le
vieux chef vint au secours de d'Octonville, qui crai-
gnait pour ses desseins. «Eh bien! maudits, ce nom
«vous étonne, ce duc d'Orléans est-ce donc quelque
«chose de plus que notre saint Père le Pape. Oh!
«non, vous n'êtes plus les routiers du bon tems. Avi-
«gnon et le saint Père furent rançonnés par les gran-
«des compagnies, et le nom d'un débauché, d'un
«homme déjà damné vous fait peur. Arrière, sabou-
«leux, arrière, vous n'êtes bons qu'à couper la bourse
«au grand Châtelet.»

—«Cependant, maître, il est le frère de notre roi,
«il reconnaît l'obéissance du Pape. Jamais ce meurtre
«ne nous sera pardonné. Que d'écus au soleil il fau-
«drait employer en messes pour se faire absoudre.»

—«Il reconnaît le pape lui, le débauché, es-tu fou!
«c'est celui d'Avignon auquel il obéit; mais il méprise
«notre véritable père à tous, celui de Rome, le seul
«successeur de saint Pierre.»

«C'est vrai, dirent tous les ribauds; c'est vrai, le duc
«d'Orléans est relaps et entaché d'hérésie; d'ailleurs
«il vit avec la femme de son frère.»

—«Isabelle, dans ce moment, est en couche à l'hô-
«tel Barbette, et sûrement notre seigneur et maître
«Charles n'en sait rien. Oh! c'est le duc d'Orléans;
«il est maudit; il est damné: à mort! à mort!»

—«Oui à mort!» s'écria une voix avec un accent provençal fortement prononcé; « mais une tête de «prince, ça vaut de l'or, et bien lourd; après un tel «coup il faudra sauver sa vie.

Raoul alors entrouvrit la porte; un homme entra. Les routiers crurent à la trahison; en un clin d'œil les poignards brillèrent; le vieux chef les retint. «Eh «bien! sont-ils prévenus et décidés» dit le nouveau venu. —«Oui, seigneur; ils ne demandent plus que «de l'or et un refuge. » L'inconnu jeta sur la table un sac rempli d'or; et se tournant vers le chef des routiers: «Ami» lui dit-il «fais bien ton devoir, toi «et les tiens, il faudrait à la justice de la ville de «Paris des ailes pour franchir les murailles de l'hôtel «de Bourgogne. » Il dit et disparut avec d'Octonville.

Alors les ribauds se ruèrent sur l'or, qu'ils se partagèrent, et remplissant de nouveau leurs verres, qu'à l'arrivée de l'écuyer ils avaient laissés inoccupés, ils chantèrent en chœur, d'une effroyable voix, ce noël parisien, composé pour celui dont ils étaient l'instrument:

« Duc de Bourgogne,
« Dieu te maintienne en joie, etc. »

Le lendemain de cette scène, le duc d'Orléans se rendit à son heure accoutumée chez Isabelle. La reine savait déjà que le Bourguignon avait connaissance du portrait de Marguerite placé dans la galerie amoureuse de son beau-frère :

«Mon Dieu, Louis » lui dit-elle «serez-vous donc «toujours léger et inconsidéré! Notre ours de Bour-«gogne a découvert le mystère d'iniquité commis en-

« vers lui. Croyez-vous qu'il vous pardonne ce nouvel
« affront ; ne serez-vous donc jamais réfléchi ? Ah ! mé-
« nagez cette créature dangereuse ; Jean est capable
« de tout, hors le bien. Et pour moi, Louis, pour
« Isabeau, qui vous aime, soyez prudent. Vous me
« le promettez, Louis, n'est-ce pas, je vous en prie ;
« que deviendrais-je si malheur vous advenait ! »

Le duc d'Orléans promit tout ; mais se rit long-tems
avec la reine de la figure du duc de Bourgogne trou-
vant sa Marguerite au milieu de toutes ces beautés.
« De par Dieu, douce amie, son front a dû se rem-
« brunir à l'égal de celui d'un maure d'Egypte, et
« son sourcil a dû se plisser à lui couvrir ses yeux si
« noirs, et sa main a dû frotter la poignée de sa bon-
« ne dague. Mais il est dévot le Bourguignon, nous
« avons partagé la sainte hostie ; et d'ailleurs » ajouta-
t-il, en relevant sa jolie tête avec fierté « ne suis-je
« pas le duc d'Orléans, frère du roi, son seigneur et
« maître. »

Jacob de Merre, jeune page que la reine avait donné au duc, frappa en ce moment. « Un seigneur » disait-il « arrive et demande au nom du roi monseigneur
« d'Orléans. » A ce message inattendu, Isabelle tres-
saillit ; elle craignit une embûche. On introduisit le
gentilhomme ; il portait les couleurs royales : ques-
tionné sur sa mission, il répondit : « que Charles VI
« avait éprouvé une attaque violente de son mal ordi-
« naire ; que dame Valentine était auprès de lui : mais
« qu'à la suite de l'espèce de léthargie qui avait suivi
« la crise, il avait demandé le duc son frère ; que Va-
« lentine avait envoyé chercher son époux à son hô-
« tel, et que lui avait été dépêché chez la reine, avec
« ordre de le demander promptement. »

Louis prit congé d'Isabelle ; celle-ci lui faisait mille tendres reproches.

« Quoi ! » lui disait-elle « sans escorte ; vous qui ne « marchiez qu'avec soixante cavaliers. Ah ! Louis, mé- « fiez-vous du Bourguignon. Tenez, je ne sais quel « pressentiment m'agite. Oh ! n'allez pas chez le roi ; « différez un moment ; envoyez chercher votre com- « pagnie d'archers, au moins. » Le duc d'Orléans sou- rit, ferma la bouche de la reine par un tendre baiser, et dit au gentilhomme d'aller l'annoncer.

Isabelle l'accompagna jusqu'au perron où il devait monter à cheval, lui jeta encore un tendre adieu, et rentra tremblante pour son ami ; mais une caresse du page Bois-Bourdon la rendit bientôt à son caractère premier.

Louis s'avançait précédé de deux laquais qui por- taient un flambeau, suivi de son page et de deux écu- yers montés sur le même cheval ; arrivé au coin de la rue Barbette, et devant la maison à l'image de saint Michel, deux hommes s'élancèrent, abattirent les flambeaux des deux laquais qui prirent la fuite, et les cris à mort ! à mort ! se firent entendre. La main droite du prince, qui reposait sur le pommeau de la selle, fut coupée. « Qu'est-ce à dire, mes maîtres » s'é- cria-t-il, se sentant frappé « je suis le duc d'Orléans. » — « C'est ce que nous demandons, à mort ! à mort ! » Jacob de Merre mourut aux pieds de son maître, en le couvrant de son corps. Les deux écuyers retour- nèrent au galop à l'hôtel Barbette demander du se- cours ; et pendant ce tems le meurtre s'acheva. Le feu, dans le même moment, prit dans la maison des truands ; des cris se firent entendre. Les gens de l'hôtel de Rieux commencèrent à remuer dans l'intérieur.

Alors un homme enveloppé d'un manteau s'avança près du cadavre, le regarda avec une lanterne, et prenant la hache de la main de celui qui l'accompagnait, il frappa le prince au visage. « Et mainte-« nant » s'écria-t-il « truands, au galop à l'hôtel, et se-« mez les chausses-trapes. »

L'hôtel de Rieux s'ouvrit enfin. Le maître-queux arriva à la tête des domestiques, trouva deux cada-vres étendus; et les ayant considérés: « A l'aide! » s'écria-t il. « Qui a commis crime si grand : de par le « ciel, c'est monseigneur d'Orléans et son page. A « l'aide! à l'aide! crime horrible! meurtre abomina-« ble! » Et l'on enleva le corps, après avoir envoyé prévenir la reine et tous les princes.

L'effrayante nouvelle se répandit bien vite dans Paris, et le lendemain les deux bourgeois voisins, maître Guéneau, le drapier, et Jehan Morin, se re-trouvèrent à la porte de l'église des Blancs-Manteaux, où le corps avait été transporté.

« Eh bien! Guéneau, cette paix si solennellement « jurée, elle porte de beaux fruits. Le Bourguignon, « si doux, a bien rendu le repas et la fête à lui don-« nés en l'hôtel de St.-Paul. »

—« Quelle pensée diabolique, Jehan Morin! igno-« rez-vous ce que sait déjà tout Paris, que l'assassin « n'est autre que le sire de Cany? »

—« Le sire de Cany, il est dans la Saintonge de-« puis deux mois. »

—« Mais, voyez, les princes viennent à l'office de « l'absoute du corps, le duc de Bourgogne est avec « eux. S'il était le meurtrier, oserait-il venir? Il sait « bien qu'à sa vue le sang de sa victime coulerait en-« core. »

En effet, de longs roulemens de tambours voilés, une sonnerie triste de sacquebuttes se faisaient entendre. Les princes de la famille royale venaient jeter l'eau sainte sur le corps du défunt. Ils mirent pied à terre et entrèrent dans l'église, devisant tristement entr'eux de la perte de leur noble parent. Et Jean-Sans-peur, lui-même, disait : *Jamais plus grand forfait n'a été perpétré dans ce royaume* (historique).

La cérémonie commença. Les ducs de Bourbon et de Berry allèrent, chacun leur tour, jeter l'eau sur le corps. Le Bourguignon, une pâleur livide sur le visage, restait immobile et n'osait avancer; Raoul d'Octonville, placé derrière lui, ranima son courage. «Faites un pas ou tout est perdu» lui dit-il. Jean s'approche : en ce moment une tache de sang paraît sur le linceul; la foule émue considère ce prodige; pas de doute, c'est un avertissement du ciel : le duc de Bourgogne est le meurtrier. Ce bruit sourd circule, prend de la consistance, et bientôt, devenu vérité en passant de bouche en bouche, le peuple joint le titre d'assassin au nom du Bourguignon.

«Qu'est-ce à dire, beau neveu» s'écria douloureusement le duc de Bourbon, «ce prodige est-il réel?»

—«Ferme, soyez homme» crie tout bas Raoul à son maître.

Mais Jean-Sans-peur était sans force contre le cri si puissant de sa conscience; il prit à part le duc de Bourbon :

«Le Diable» lui dit-il «m'a tenté, et voici» montrant Roul qui fuyait «celui dont il a pris les traits.»

La justice n'avait point cours contre un aussi grand

coupable. Le duc de Bourgogne quitta Paris et courut droit à Bapaume, où il se renferma. Quelque tems après il était à Paris, où, par la crainte qu'il inspirait, le roi, la cour avouaient qu'ils lui devaient reconnaissance pour les avoir délivrés du duc d'Orléans, leur ennemi à tous ; et le peuple de Paris applaudissait au plaidoyer de Jean Petit, théologien, qui prouvait, par un long discours en douze points, en l'honneur des douze apôtres, l'innocence et la vertu de son redoutable client.

L. D'HORBOURG,
membre-résident.

****

LA MAHUT[*].

> Alors qu'ils passèrent à Albéra, c'était à l'aube du jour,
>   A la Clusa on les cerna ;
>   A la Mahut ils perdirent tout.
>   Entièrement battus à Maurellas,
>   Ils moururent à Saint-Jean de Mauranells.

Et l'écho des monts répète *moriren ells*.....

Voilà, en peu de mots, l'histoire traditionnelle des Maures au passage des Pyrénées, l'histoire de ces barbares, comme serait tentée de les appeler la civilisation moderne, s'il n'était pas injuste de donner ce nom aux créateurs de toutes les merveilles de l'Orient, et pour ne parler que de notre Europe, à ceux qui ont enfanté les prodiges de *Cordoue la ville sainte*, de *l'Alhambra de Grenade*, d'*Alhama la bien-aimée*.

Mais ces paroles confiées par notre langue catalane à cette harmonie mélancolique et expressive, particulière à nos Pyrénées, et que sous un ciel presque oriental, une brise légère amène du fond des gorges de ces monts témoins des évènemens qu'elles rapportent,

---

[*] Ou l'Hamahut que j'ai entendu prononcer Magout, altération peut-être du mot *Alhamahut.*

attirent involontairement l'attention de l'homme le plus étranger, et d'une manière bien intime le Roussillonnais avide de souvenirs de son pays qu'il cherche à connaître.

Théâtre de tant de dominations, qui toutes ont entraîné des crises plus ou moins violentes, notre sol est sillonné de ruines. Nous respirons, pour ainsi dire, sur des tombeaux. C'est parmi ces brèches funéraires que la tradition harmonieuse de nos *Albéras* vous fait distinguer *la Mahut*[1], lieu, aujourd'hui de peu d'apparence et ignoré entre le *Voló* et *la Clusa*, à la droite de la route royale qui conduit en Espagne.

Les édifices antiques qu'on y voit, consistent en deux carrés longs, contigus; l'un dans la direction de l'ouest à l'est et l'autre du nord au midi, spacieux de plusieurs mètres de longueur et d'environ trois mètres et demi de largeur dont l'un est, aujourd'hui, une église sous l'invocation de Saint-Martin[2].

L'épaisseur extrême des murs, la solidité des arcs des voûtes à plein cintre, comme les ouvertures et l'absence totale de tout ornement qui pourrait faire soupçonner le style arabe, doivent faire remonter la

[1] C'est aujourd'hui un bâtiment consacré à l'agriculture.

[2] Il est à remarquer que les églises d'*Albéra* et du *Perthus* sont aussi dédiées à Saint-Martin, et qu'on invoque ce patron des guerriers dans beaucoup de localités où l'on a conservé le souvenir des Maures, à l'exemple peut-être de la ville de Tours près de laquelle fut gagnée la grande bataille contre ces infidèles.

En jetant les yeux sur la croix de granit, de forme assez ancienne qui s'élève dans le petit cimetière de la *Mahut*, aux petits marteaux qui s'y trouvent symétriquement gravés, on serait tenté de dire qu'on a voulu y figurer le surnom du vainqueur des plaines de la Touraine, *Charles Martel*.

construction de ces édifices à une époque antérieure aux orientaux.

Les fondemens des murs environnans, tous les débris qui les couvrent, les aqueducs souterrains qu'on y trouve, et sur un plan combiné, un ancien lieu de sépultures, une ancienne briqueterie, l'exhumation de médailles celtibériennes et de briques à rebord, tout indique une occupation bien antérieure à celle des Maures, tout semble attester une peuplade antique qui, après de longs siècles de séjour, a enfin disparu à la suite des calamités de la guerre. Dans tous les cas, il est bien avéré que les vestiges d'un double rang d'ouvertures pratiquées dans les murs ont fait de *la Mahut* un lieu de défense au tour duquel la charrue découvre, tous les jours, des restes humains qui sont peut-être ceux de ses défenseurs.

Il y a quelques cinquante ans, qu'un voyageur portugais vint reconnaître ces lieux. Des renseignemens à lui donnés, dans son pays, par des papiers de famille, lui avaient révélé, « que les Sarrasins refoulés vers « l'Espagne avaient perdu leur trésor à *la Mahut* où « ils le tenaient déposé : que trois coffres pleins d'or « avec une idole du même métal étaient restés enfouis « dans les ruines de cet édifice qu'il appelait *Mahunet* « du nom de l'idole qui n'avait pu empêcher que cette « *Casauba* ne fût enlevée à une courageuse résistance « dont les témoignages reposent dans le bois qui en-« tourait alors ce lieu. »

Le témoin auriculaire de ce récit, fort jeune alors, n'a pas su me dire si le voyageur avait fait faire des fouilles; mais il en a été pratiqué depuis. Entreprises par la cupidité, abandonnées à différentes reprises par des craintes superstitieuses, le pavé en grandes

dalles qui existait sous la longue voûte attenant à l'é-
glise, a été néanmoins bouleversé, et j'ai appris qu'on
fouille de tems en tems dans le sol environnant.

Il est difficile à l'histoire générale de porter partout
une égale lumière; une foule d'images, d'autant plus
intéressantes qu'elles concernent notre pays, échappent à ses larges pinceaux et passent inaperçues, ignorées; elles, cependant, dont la connaissance pourrait
être quelquefois fort utile au complément de ses tableaux.

Mais il est une muse dont les modestes accents évo-
quent, dans chaque localité, ces images ignorées. Son
burin offre des traits qui ne sont pas tout-à-fait indignes de l'observateur, et son langage a, en outre,
quelque chose de mystérieux qui n'est pas sans quelques charmes. *Ce sont des accords qui,* pour me servir des expressions d'un grand poete, *se mêlant à la
voix des vagues, aux échos retentissans de la montagne,
touchent plus vivement le cœur et l'oreille que les monumens élevés par les favoris de la victoire :* c'est la muse
de l'antique ballade : c'est le romance simple et naif,
génie populaire qui grave ses annales sur la roche
sauvage des monts. Enfant du désert dont le berceau
remonte aux tems primitifs : c'est la tradition de la
Mahut.

Les trophées orgueilleux de Pompée ont disparu
du sommet des Pyrénées; on cherche même la place
où ils furent élevés, tandis que les *accents du modeste
romance se jouant des tempêtes, font encore retentir les
échos de ces monts......*

JAUBERT DE RÉART,
membre-résident.

****

PIETRO FITILI.

———

«Soldats! quand vous retournerez dans vos foyers,
«chacun vous montrera avec orgueil, et l'on dira, en
«vous saluant: il était de l'armée d'Italie.»

Ce sont paroles bien douces maintenant pour un
vétéran de notre gloire militaire. Il disait vrai le héros de Lovi et de Montenotte. Voyez dans nos campagnes le vieux débris de nos anciennes guerres; il
passe, et chacun s'incline, les enfans l'entourent, sa-
luent son vieil uniforme, les jeunes hommes sentent
s'éveiller dans leur ame la même flamme qui l'anima
pour son pays, les femmes disent à leur fils: tu seras
brave et bon comme le légionnaire, et les jeunes filles
sourient à l'idée d'un amant qui portera la croix sur
un cœur aussi bien placé que celui du vieux guerrier.
Ah! vieux soldats, gardez-les ces précieux souvenirs;
ils font oublier tant de maux, tant de déceptions, et
de fallacieuses promesses: en France, la gloire console de tout, même de la perte de la liberté. — De-
mandez au 18 brumaire!..

J'étais dans les Hautes-Alpes, j'avais visité Briançon, et je me rendais par le col d'Izoard au fort Quey-
ras. Errant au milieu des montagnes, je me plaisais

dans toutes les grandes pensées que faisait naître ce majestueux tableau déroulé devant moi. La nuit me surprit, et la retraite battue au fort depuis long-tems m'avait indiqué que je n'y pourrais plus rentrer. Je me rendis donc au village qui en dépend, et j'étais près d'y arriver quand une neige épaisse vint fondre sur moi. Craignant de m'égarer dans ces sentiers étroits qui m'étaient inconnus, et encore assez loin du villa- ge, je marchai droit à une petite maison d'assez jolie apparence, située à mi-chemin entre le fort et le gîte qu'il me fallait gagner. Je frappai, un jeune garçon de bonne mine et portant la petite tenue du français vint m'ouvrir. Je demandai le maître de la maison : « c'est mon père » me répondit le jeune homme, « en- « trez, monsieur, il vous recevra. » Je suivis mon gui- de. Un coup-d'œil rapide me fit connaître que je pou- vais présenter ma requête.

« Monsieur » lui dis-je « je suis étranger à ce pays. « Surpris par la nuit et le mauvais tems dans ces mon- « tagnes, je n'ai pu regagner le fort où j'étais logé chez « le commandant, ni parvenir au village : je viens vous « demander l'hospitalité. Ces vieilles armes que je vois « suspendues à cette muraille, m'indiquent que vous « aussi avez été l'hôte de bien des nations : c'est une « lettre de change que vous aviez signée autrefois et « dont je viens aujourd'hui réclamer le paiement. »

— « Soyez le bien venu, monsieur; elle vous est oc- « troyée cette hospitalité si bien requise. Prenez place « à mon foyer. Jules, un tour à la cuisine, fais savoir « que nous avons un convive, et que c'est un voya- « geur; il ne faut pas se laisser prendre par les vivres. »

Et cependant l'on me débarrassait de mon man- teau, ma chaussure était remplacée par les babou-

ches de mon hôte, et le feu rendait toute leur élas-
ticité à mes membres que le froid avait engourdis.

Une hospitalité semblable ne comportait pas de
phrases de remercîmens; notre civilisation a étouffé
sous son jargon poli les sentimens de l'ame; on a l'air
de dire une formule d'algèbre quand on veut exprimer une sensation de reconnaissance, quelque bien
éprouvée qu'elle soit.

Quelques minutes après mon entrée, un souper
abondant, mais simple, était sur la table, et je répon-
dais par un: «Oui, monsieur» à toutes les offres de
mon hôte, qui était ravi de me voir si bon appétit.
Les premiers cris de la faim apaisés : «Eh bien!» me
dit-il «comment trouvez-vous notre pays?» — «C'est
«un vrai contraste, en France, à notre époque; on
«dirait un débris du xive siècle, resté debout pour
«l'instruction du voyageur.»

—«Avez-vous visité Arvieux et le camp de Cati-
«nat?»

—«C'est au plaisir que j'avais à parcourir cette com-
«mune, à l'attention que je portais aux discours d'un
«vieillard qui parlait de ses souvenirs et des traditions
«qu'il tenait de ses pères, que je dois l'avantage d'être
«votre hôte. A Arvieux, je n'étais plus du siècle: ce
«vêtement pittoresque, si étrange pour l'homme ha-
«bitué à nos villes de l'intérieur; cette différence de
«religion dans ce hameau, tout cela me reportait à
«des époques bien éloignées de nous. Avec mon
«vieillard conteur de la vallée, j'ai visité le plateau
«où campa le héros de la Marsaille, le philosophe
«du camp. J'ai vu le rocher de François Ier, et l'I-
«talie tout entière, avec ses souvenirs, est passée
«devant moi: Milan, Pavie, Fornou; Charles VIII,

«Louis XII, François et Henri II. Mon cœur s'est serré
«en pensant à ces guerres fatales du Milanais et du
«royaume de Naples; puis, j'ai gémi en songeant à
«la pauvre Italie moderne, qui doit mêler des regrets
«à l'étonnement de ne point être française. A cette
«époque de gloire et de vertu civique, en 97, à St.-
«George et à Millesimo, il n'y avait point d'étendard
«au monde qui marchât du même pas que le nôtre.»
L'œil de mon hôte étincelait en m'écoutant. «Oui»
dit-il «ce fut un beau tems pour la France. Les lau-
«riers formaient un large rideau de gloire pour ca-
«cher nos désordres intérieurs. Je pris part, mon-
«sieur, à ces grandes journées, et maintenant, ma
«plus douce jouissance, après tant de travaux, c'est
«de penser que moi aussi j'ajoutai ma faible part de
«lauriers à la riche moisson qu'à cette époque fai-
«sait mon noble pays.»

La servante entra dans ce moment; elle portait une
lettre. L'écriture ainsi que le lieu d'où elle venait
étaient également inconnus à mon hôte; il la déca-
cheta, jeta un coup-d'œil rapide à la signature, et
poussa une exclamation forte, où la joie se mariait
à la surprise. «Impossible, incroyable, mes yeux
«me trompent; tiens, mon fils, lis cette lettre, as-
«sure-moi que ma vue n'est point fascinée: lis donc.
«Une lettre de Fitili; lui, mon voisin! le pauvre en-
«fant, moi qui l'ai vu si jeune, lui qui sonnait si bien
«la charge à mes vieux guides; lui, mon voisin, ah!
«mon ami, mets donc fin à mon délire; dépêche donc,
«allons, lis, marche.»

Le jeune homme et moi échangeâmes un sourire
et la lecture de la lettre commença.

« Mon cher et bien aimé Commandant,

«Je suis toujours destiné à vous surprendre. Voilà
«vingt ans que vous n'avez entendu parler de moi; le
«même espace de tems nous avait séparés quand j'eus
«le bonheur de vous presser dans mes bras après la
«grande revue de 1812. J'ai accepté le commande-
«ment de la place de Briançon que l'on m'offrait. Un
«de vos anciens camarades m'a dit que vous habitiez
«ce pays, je me suis senti tout joyeux de me rappro-
«cher de vous. J'arriverai presqu'en même tems que
«ma lettre, vous aurez ma première visite, n'importe
«à quelle heure, quelque tems qu'il fasse. Je ne veux
«descendre que chez vous; puissiez-vous éprouver à
«me revoir le plaisir que je goûte d'avance à presser
«contre mon cœur l'homme qui est la cause du bien-
«être dont je jouis aujourd'hui, et pour lequel mon
«dévouement égale le respect que m'inspire sa bonté
«et ses talens.

«PIETRO FITILI,

« Esclave à Malte, trompette aux guides, ca-
« pitaine de cuirassiers dans la garde impériale
« et commandant de Briançon. »

Le commandant souriait à cette longue série de
titres qui semblait un signalement, mais une douce
larme roula de son œil fier sur sa blanche moustache.
«Toujours le même « dit-il » toujours vouloir parler
«de reconnaissance, et qu'ai-je fait pour lui! moi,
«rien; il était brave, l'empereur l'a connu; il devait
«faire son chemin. Parbleu, si tous mes anciens gui-
«des devaient m'attribuer leur avancement, j'aurais
«dû avoir plus de pouvoirs et d'occupations que le
«prince de Neufchâtel. C'est qu'ils étaient braves
«mes guides, monsieur; ils étaient les fils chéris de

« Napoléon. Oh! quand il disait : mes guides, en avant;
« quand Bessières courait à notre tête : pauvres enne-
« mis !!!........ » Et il riait le vieux commandant des
gardes consulaires.

Je partageais une émotion si bien sentie et si noble; mais ces quatre ou cinq titres du commandant
futur de Briançon m'intriguaient; mon hôte le devina.

« Vous réfléchissez, je suis sûr, à la destinée bi-
« zarre qui amène un esclave Maltais commander la
« place de Briançon. C'est un changement de condi-
« tion assez surprenant.— Vous êtes, m'avez-vous dit,
« fils d'un militaire. » — « Oui, d'un Egyptien ¹ » —
« D'un Egyptien, monsieur; touchez-là, vous êtes
« mon homme, et vous entendrez l'histoire de mon
« Fitili. Le fils d'un homme qui a fait la campagne
« d'Egypte doit nécessairement savoir écouter. »

Alors mon hôte d'une main meurtrie par la balle
arrangea sa jambe blessée et commença.

« Nous étions revenus d'Italie couverts de gloire;
nous ne pouvions pas nous montrer dans les rues sans
être entourés par le peuple et poursuivis de ses acclamations. Le héros d'Arcole s'était réfugié dans sa
petite maison de la rue de la Victoire, et Talleyrand,
le boiteux, aux douces paroles, faisait l'éloge de la
modération de celui qui cherchait à se faire pardon-
ner ses triomphes à force de modestie et par sa vié
retirée. Mais les cinq Directeurs étaient effrayés au
milieu de leurs scandaleuses orgies, les flammes on-
doyantes qui ornaient les toques de ces mannequins

---

¹ Les anciens militaires nomment Egyptiens les soldats qui ont
fait la campagne d'Egypte : c'est Napoléon qui leur avait donné ce
nom.

politiques tremblaient sur leur tête toutes les fois que retentissait le nom de Bonaparte. Ce nom redoutable leur fesait l'effet des trois mots hébreux qui apparurent à Balthazar sur le mur de la salle des festins : c'était la ruine de leur puissance.

« Le vaste génie de notre héros avait conçu le projet national de la ruine du commerce anglais dans l'Inde en l'attaquant par l'Egypte. Cette conception du jeune général d'artillerie, écartée par le ministre de la guerre Aubry, qui n'aimait pas le vainqueur de Toulon, fut exhumée des cartons, et bientôt l'espoir renaquit au fond des cœurs du Quintumvirat. Ils envoyaient le héros en Egypte. Le petit général, aux cheveux plats, les gênait trop ; ils espéraient que les Mameluks ou le soleil d'Afrique les débarrasseraient d'une gloire dont leur nullité ne pouvait supporter l'éclat.

« Nous partîmes ignorans de notre destination ; mais notre étoile, c'était Bonaparte : avec lui, l'armée, confiante et pleine de résolution, s'inquiétait peu de son avenir, ne pouvait croire à autre chose qu'à des succès.

« Nous parûmes devant Malte. Homspech, le grand maître, nous remit sa capitale, et nous fûmes parcourir ce boulevard de la chrétienté qui n'avait pu tenir quatre heures devant l'armée française. Vaubois resta pour commander l'île. En débarquant avec mes guides je trouvai sur la plage un beau garçon de seize à dix-sept ans, bien découplé, qui vint, en italien, nous faire des offres de service. Je lui répondis dans cette langue, et le priai de me conduire dans un lieu où je pusse loger mes gens. J'eus lieu d'être satisfait. Guidé par lui, nous fûmes occuper un grand couvent, dans lequel nous trouvâmes tout en abondance. Ma troupe installée, je suivis mon jeune Cicerone et la conversation s'engagea. J'appris de lui qu'il était Grec. Enlevé sur un Mistick par un vaisseau de l'ordre, il s'était vu réduit à l'esclavage, et traînait une vie insipide et languissante, contre laquelle sa jeune ame se révoltait. «Signor, me dit-il, avec une voix émue et «une exaltation orientale, fatigué de mon existence «avilie, je me promenais ce matin sur les rochers «que baigne la mer. Esclave, me disais-je, esclave «du Maltais; oh! c'est une chaîne trop lourde. On «peut, quand le destin vous y force, subir la loi que «vous impose un homme de cœur et de courage ; «mais courber son front devant les descendans bâ- «tards et dégénérés des chevaliers de Rhodes, être «placé plus bas que le chien de chasse de ces lâches «orgueilleux, moi, fils de la Grèce, et qui sens cou- «ler dans mes veines le sang des Palikares: non, sei- «gneur, la mort vaut mieux : et je tournai la tête «vers la mer, je voyais là un refuge et une consola- «tion. J'aperçus vos vaisseaux, l'espoir se glissa dans «mon ame; on eut dit un dictame salutaire placé «sur une blessure. Je redescendis dans la ville ; je «recueillis avidement les conversations que faisait «naître votre arrivée, et je compris que votre mission «était de rendre la liberté au monde, et que le des- «potisme des chevaliers ne pèserait plus sur nous».

«J'admirai ces paroles. J'avais encore, à cette époque, ces rêveries républicaines que Napoléon détruisit plus tard, remplaçant nos utopies par des idées plus positives et plus réelles pour le bonheur de la France. «Mon ami, lui dis-je, votre espoir peut se réaliser ; «nous ne marchons que pour l'affranchissement des

«nations, et certes ceux qui ont donné la liberté aux
«peuples, pour ainsi dire malgré eux, auront bien
«le pouvoir de faire cesser l'esclavage de celui qui
«ne veut plus en supporter le poids. La France vous
«affranchit par ma voix, vous viendrez dans nos rangs
«vous acquitter par votre courage du service qu'elle
«vous rend».

«Nous nous embarquâmes de nouveau. La connaissance que Pietro Fitili (c'est le nom du jeune
homme) avait déjà du métier de marin l'engagea à
rester à bord de l'*Orient*, où il fut incorporé comme
novice.

«Echappant à l'active surveillance des Anglais,
nous abordâmes en Egypte. Je ne vous raconterai pas
cette campagne si belle; fils d'un homme qui l'a faite,
vous devez être comme le mien, la savoir mieux que
nous». Ici, un coup d'œil s'échangea entre le jeune
homme et moi qui, entendant l'arrivée de l'armée à
Alexandrie, craignais d'être obligé d'écouter encore
le récit du siége, la blessure de Kléber, et l'heureuse
attaque de Menou. Heureusement il n'en fut rien.

«Pendant que nous soumettions l'Egypte, que la
cavalerie des Mameluks, la première du monde, de
l'aveu du grand homme, venait trouver la mort jusqu'au milieu de nos carrés, l'anglais, qui avait pénétré
nos desseins, vint attaquer notre flotte. Nelson parut
dans la rade d'Aboukir, et le brave, mais malheureux
Bruyeis lui vendit chèrement la victoire.

«J'étais au quartier général, je relisais l'ordre du
jour ferme et consolant qui nous apprenait ce désastre, quand un guide introduisit dans ma tente un
jeune homme qui se jeta, pour ainsi dire, sur moi,
me prit les mains, les baisa avec transport, criant :

5*

me voici, je suis sauve, j'ai sauté de bien haut, mais maintenant soldat avec vous, toujours Français, toujours brave. Au milieu de ce déluge de paroles incohérentes, mais prononcées avec l'émotion la plus rare, je reconnus mon Pietro Fitili. Je le fis asseoir, je m'informai du hasard qui le ramenait.» — «Capitaine, «c'était un beau vaisseau que l'*Orient*, monté par un «brave équipage; si ma nation en avait quelques-uns «de semblables, elle ne serait pas l'esclave des Turcs. «L'anglais nous a attaqué; l'*Orient* s'est montré digne «de celui qu'il avait porté, nous avons sauté aux cris «de vive la France, et nos derniers boulets ont criblé «le vaisseau ennemi et abattu le pavillon anglais. «Resté sain et sauf au milieu de ce désastre, j'ai tra-«versé à la nage la rade d'Aboukir, j'ai gagné la terre «ferme; et grâce à votre nom, qui me servait de «sauf-conduit, je suis arrivé jusqu'ici, où je viens «mettre à votre disposition, à celle de la France, un «cœur dévoué, un bras qui n'est pas sans vigueur, et «l'envie bien prononcée de payer ma dette à ma nou-«velle patrie».

«Je souriais à ce récit, j'aimais mon jeune Grec, je le fis bien reposer auprès de moi, et quatre jours après il essayait des sonneries françaises avec le brigadier-trompette des guides à cheval. Nous partîmes pour St.-Jean-d'Acre, où commandait le célèbre Djezzar-Pacha, et dont le lieutenant se trouvait un français, ancien camarade du général en chef. Nos soldats firent tout ce que le dévouement peut employer d'énergie et de courage, mais en vain. La peste se joignit contre nous à l'ennemi. Le siége de cette place fut illustré par mille traits de bravoure; mais là, mon jeune Grec gagna ses éperons; il paya bien sa dette à la patrie.

«Bonaparte visitait la tranchée, la mitraille pleuvait de tous côtés, et l'ennemi nous harcelait d'une manière terrible par le jet continuel des bombes. Un de ces projectiles vient rouler aux pieds du grand homme, la mèche presque consumée va communiquer le feu au globe, dont l'éclat doit être terrible pour ceux qui sont auprès. Fitili et un de ses camarades voient le danger que court le général, ils s'élancent sur lui, le couvrent de leur corps, la bombe éclate. Le guide, les reins fracassés, tombe victime de son dévouement, et Pietro, blessé, mais satisfait, reçoit, avec le grade de brigadier et un sabre d'honneur, les félicitations de l'armée dont il a sauvé le père. Nous rentrâmes en France : mes blessures me privant momentanément de pouvoir faire un service actif, j'obtins le commandement de la place de Briançon, où je restai jusqu'en 1810. Cependant notre armée se couvrait de gloire, ses succès vinrent ranimer mes forces et cicatriser mes blessures ; je demandai un service plus en harmonie avec mes goûts et mon désir de servir notre France, que mon ancien général avait rendue si glorieuse et si belle ; je rentrai dans la garde impériale.

«La Russie avait manqué à ses promesses envers la France ; le système continental, cette conception si terrible pour l'Angleterre, n'était plus observé par elle. Des plaintes, Napoléon passa à des menaces, qu'une déclaration de guerre suivit bientôt. Un ordre impérial manda à Paris tous les régimens de la garde, qui vinrent défiler devant l'Empereur avant de partir pour cette grande expédition, où nous cédâmes à la nature seule. Mon régiment avait défilé et retournait à Versailles. Resté à l'Ecole militaire, où je logeais,

l'on introduit auprès de moi un capitaine de cuirassiers,
décoré, qui m'aborde avec l'expression de l'affection
la plus vive, s'informe de tout ce qui a pu m'arriver
depuis l'Egypte, et paraît au comble de la joie en me
retrouvant, heureux et prêt à marcher de nouveau
sous les ordres de l'empereur. J'écoutais étonné, je
cherchais à démêler ses traits; ils ne m'étaient pas inconnus; les discours que ce capitaine tenait m'indi-
quaient qu'il avait servi en Egypte avec moi. « Vous
« sortez des guides, monsieur, lui dis-je; vos traits
« me sont présens, mais quant à votre nom je ne sau-
« rais vous l'appliquer ». Et là dessus je fais l'appel de
mes anciens guides, et mon capitaine de me répondre toujours : non commandant, non commandant.
« Ma foi, lui dis-je, les voilà tous nommés » — « Et
« votre trompette, commandant! et le brigadier de
« St.-Jean-d'Acre! l'esclave Maltais! Votre Fiuli! »
Nous tombâmes dans les bras l'un de l'autre. Resté
dans les guides, mon brigadier avait prospéré; sa valeur l'avait fait distinguer de l'empereur; il l'engagea à
s'instruire. Docile aux ordres du grand homme, Fiuli
joignit bientôt les talens à la bravoure, et la croix et
le grade de capitaine dans la garde vinrent payer ses
heureux efforts. Nous partîmes: vous savez l'histoire
de notre gloire et de nos désastres.

« Séparés, décimés par la guerre, je perdis jusqu'au
souvenir de mon jeune Grec; seulement, quand ma
pensée se reportait vers l'Egypte, l'idée de celui qui
avait conservé les jours de l'homme de la France venait sourire à ma mémoire. Jugez de ma joie et du
plaisir que j'ai dû ressentir en recevant cette lettre.
Oh! qu'il me tarde maintenant de le voir et de l'embrasser. »

Je souhaitais une bonne nuit à mon hôte, quand tout à coup, le fidèle chien des Alpes fit retentir de sa voix puissante tous les échos; et la porte fortement ébranlée, cédant au jeune fils qui avait été ouvrir, donna passage à un homme superbe, qui s'avança rapidement jusqu'au vieux commandant; celui-ci se lève, va au devant de lui, et tombe dans ses bras : la joie, le saisissement semblaient l'avoir privé de toutes ses facultés. C'était Pietro Fitili. Il porta jusqu'à son fauteuil son ancien capitaine, qui le caressait comme un fils tendre et bien-aimé. «Ma nuit est faite, dit-il; «mon enfant, ranime notre foyer. Fitili, que de cho- «ses à nous dire? que de questions à nous faire?» Je me retirai tout ému de cette scène si touchante entre ces deux braves; et le lendemain, quand je vins pour prendre congé de mon respectable hôte, je le trouvai endormi, la tête appuyée sur le bras de son guide, qui le veillait. Sa main était appuyée sur une carte géographique, son doigt était sur Aboukir, où Bonaparte répara si bien notre gloire. Le soldat s'était endormi au milieu d'un triomphe, et sa bouche murmurait ces paroles de Kléber: «Général, vous êtes à mes yeux «aussi grand que le monde.»

L. D'HORBOURG,

membre-résident.

LE GRAND BEIRAM* DES BOHÉMIENS.

Femmes, préparons nos montures, disposez vos provisions, et vous, enfans, prenez vos habits de fête ! C'est demain le saint jour de Noël. Pour cet anniversaire de la réunion de nos tribus, nous devons être rendus aujourd'hui à la ville avant le coucher du soleil.

C'est un père de famille qui parle, et avec un ordonnateur qui met lui-même la main à l'œuvre tout est bientôt prêt. Par des gens qui depuis six mois attendent avec impatience une fête, les distances sont parcourues rapidement et à point nommé, surtout cette année, avec la température douce et calme d'une de ces si belles soirées dont le ciel s'est plû à favoriser notre mois de décembre.

Mais où va notre famille ? elle dirige ses pas vers un asile assuré. Ce n'est pas un hôtel qui lui ouvrira ses portes ; c'est une maison de mince apparence, où elle est attendue, et où arrivent successivement, comme elle, d'autres familles des environs : hommes, femmes, enfans et serviteurs, riches ou pauvres,

---

*Le grand *Beiram* est chez les Mahométans la fête du nouvel an qu'ils commencent par une réconciliation solennelle et générale.

tous sont les bienvenus sous le toit de la petite maison, pour y manger ensemble *le pain et le sel*.

Après les complimens d'usage entre personnes qui se retrouvent, après quelques intans de repos, le chef de la famille entonne la prière du soir : c'est le rosaire, où tout le monde assiste religieusement. Puis vient le moment de cette collation en usage dans notre pays, qui a pour base ces gâteaux d'amandes, de noisettes, de pignons et de miel, que nous appelons *tourrons;* et la veillée se passe à causer sur le plaisir de se revoir. Les anciens s'entretiennent des affaires de la dernière foire et des succès qu'ils espèrent dans la prochaine, et la guitare, ébranlée par la main du plus habile, met la jeunesse en train. On chante, on danse jusqu'à l'heure de la messe de minuit.

A l'avertissement de la cloche, tous les membres de la famille, munis de siéges, se rendent à l'église, où vous les voyez sous leurs plus beaux habits et dans le plus grand recueillement. La vigile et le jeûne, observés très scrupuleusement, sont rompus au retour de la messe.

La matinée du jour de *Noël* est consacrée aux *souhaits des bonnes fêtes.* Les filleuls vont baiser la main de leurs parrains, dont ils reçoivent quelques leçons paternelles et de ces gâteaux en forme de couronne, appelés *tourteaux,* qui le disputent en grosseur et en qualité à ceux de nos moissonneurs.

. Le foyer pétille sous le toit hospitalier ; les ménagères réunissent les provisions, les apprêtent et la famille assiste à un repas copieux, dont l'appétit et la gaîté font le plus piquant assaisonnement [1].

---

[1] Prévenu comme on l'est sur la manière de se nourrir des Bohé-

Le doyen d'âge, fût-il le plus pauvre, est le roi du festin, et celui qui contribue le plus à la dépense de la fête en fait aussi les honneurs. Suivant l'antique usage, observé encore dans beaucoup de pays, les femmes ne se mettent pas à table ; elles servent les hommes et ne mangent qu'après eux avec les enfans. Le *bénédicité* et les *grâces* sanctifient le repas ; on dirait une de ces *agapes* des premiers chrétiens, accompagnée d'une allégresse et d'une simplicité de cœur qui rappellent les mœurs patriarcales.

Après le repas, c'est l'heure des visites. On se rend chez les autres parens, chez les amis et les connaissances de la caste ; c'est le moment solennel du baiser de paix, du pardon des injures, de la cessation des inimitiés. Les plus jeunes déférant à l'âge, faisant abnégation de toute animosité, se soumettent, s'humilient, reçoivent à genoux leur pardon de la part de celui qu'ils peuvent avoir offensé, et lui baisent la main ; quelques conseils, dictés par la prudence et la sagesse, sortent de la bouche des anciens ; les témoins de cette scène s'attendrissent, des larmes roulent dans tous les yeux, et tout le monde s'embrasse. Les plaisirs et les amusemens achèvent de remplir la journée, et le lendemain les familles se séparent en paix et sans regret sur un extra de dépense, qui con-

miens, on serait étonné du choix et de l'abondance des mets dont se compose leur festin de la fête de Noel. Ils économisent, pour ce jour, pendant tout le reste de l'année ; trois familles dans le repas dont je parle, en nombre de seize personnes, ont fait une dépense de près de cent francs. En Espagne, les Gitanos plus aisés se mettent aussi plus en frais. Il y a dit-on à *Lérida*, en Catalogne, un certain *Don Jayme*, gitano fort riche qui le jour de *Noël* traite généreusement tous ceux de sa caste.

tribue à alimenter entre elles les liens du sang, à continuer la bonne intelligence entre les différentes tribus et à faire cesser les inimitiés, les haines, dont elles redoutent les effets.

Voilà, aussi succinctement que j'ai pu le faire, un tableau de mœurs et de coutumes qui se conservent religieusement par tradition, qui le dirait? chez une caste d'hommes distincte de toutes les autres, pour lesquelles son nom seul présente quelque chose de dégoûtant.

La plus part des auteurs qui ont écrit sur les *Gitanos*, s'efforcent de nous les dépeindre sous les couleurs les plus défavorables. Trop généraliser en cette matière, comme en toute autre, est une erreur que repoussent la raison et l'observation impartiale.

Parce qu'on taxe la nation française de légèreté et d'inconstance, il ne faut pas en induire que tous les Français sont d'un caractère léger et inconstant; comme aussi les Circassiennes ne sont pas toutes belles, les Anglais n'ont pas tous le *spleen*. Il ne faut pas mettre non plus sur la même ligne tous les *Bohémiens*, tous n'habitent point sous des ponts ou dans des chapelles ruinées, se nourrissant de mets immondes et vivant, comme l'on dit, sans foi ni loi. Il en est parmi le nombre qui, vus sans prévention, ne seraient peut-être pas jugés indignes de cette société qui les repousse, et l'on peut dire que ce qui influe le plus sur le sort d'un grand nombre d'entr'eux, comme sur celui de tous les hommes, c'est la misère *qui dégrade tout ce qu'elle touche.*

JAUBERT DE RÉART,
membre-résident.

Poésie.

L'ESPAGNOLE.

Questo è il porto del mondo.
(Tasso.)

« Ici viennent mourir les derniers bruits du monde
« Nautonniers sans étoile, abordez ! C'est le port.
« Ici l'ame se plonge en une paix profonde,
    « Et cette paix n'est pas la mort. »
(Lamartine.)

Oh ! que j'aime l'Espagne ! Oui, dans mes rêveries,
J'ai souvent respiré l'encens de ses prairies ;
Souvent au coin du feu, durant les nuits d'hiver,
J'ai traversé les flots de sa brûlante mer ;
J'aimais à reposer mon cœur aux chastes flammes
Sur les épais barreaux de ses couvens de femmes,

Où cent mille beautés, anges veillant pour nous,
Usent péniblement leurs jours sous les verroux;
J'évoquais devant moi ces ombres passagères,
J'écoutais le doux bruit de leurs robes légères,
Et quand leurs voix en chœur s'élevaient vers les cieux,
Des larmes malgré moi s'échappaient de mes yeux.
Je les suivais partout : aux jardins, dans les salles,
Sous les longs corridors aux arches colossales,
Même au pied des autels, où leurs gémissemens,
Leurs prières, leurs vœux irritaient mes tourmens,
Et dans ses souvenirs mon ame recueillie
S'enivrait de douleur et de mélancolie.

Gérona, lieu sacré que j'aimerai toujours,
Asile où je voudrais pouvoir couler mes jours,
C'est toi surtout, c'est toi que je vois dans mes songes!
Soit que l'illusion me prête ses mensonges,
Soit qu'un dieu bienfaisant offre à mes yeux surpris
Le vague souvenir des lieux que je chéris,
Toujours je te revois, et toujours ton image
Sourit à mes regards comme un ciel sans nuage.
Tu m'offres tes palais et tes blanches maisons,
Et tes rideaux soyeux flottant sur les balcons,
Et tes vases de fleurs embaumant chaque rue,
Et tes marchés vivans où la foule se rue;
Tu m'offres tes côteaux, tes bois délicieux,
Tes vierges aux cils noirs, au maintien gracieux,
Tes bocages touffus, tes citronniers sauvages,
Et tes verts orangers parfumant tes rivages;
Tu m'offres tes gazons, tes mielleux caroubiers,
Tes grenadiers fleuris et tes champs d'oliviers,
Et ton fertile sol, faveur de la nature.

Mais, de tous les objets qu'embrasse ta ceinture,

De tous les monumens qui s'enlacent en rond,
Nul d'un plus saint transport ne fit briller mon front,
Nul n'embrasa mon cœur d'une flamme plus vive,
Qu'un couvent où naguère une vierge craintive,
Un ange que la terre adorait à genoux,
S'établit interprète entre le ciel et nous.
Quoi! seule, à dix-sept ans, s'ensevelir vivante!
Si belle et s'éclipser! Ah! ce sort épouvante.
Ces yeux se voileront! Ce visage si beau
S'enfermera bientôt dans un vivant tombeau!
Comment le concevoir cet horrible mélange
De roses, de parfums, de cercueil et de fange,
De vie et de trépas! Quel esprit assez fort
Pourrait voir sans effroi cet appareil de mort,
Cette tombe béante au fond du sanctuaire,
Et vivant se couvrir du linceul mortuaire?
Eh! bien, ce qu'un guerrier ne peut voir sans pâlir,
Elle, peureuse fille, elle va l'accomplir:
Sur elle pour toujours vont se fermer ces portes
Qui ne se rouvrent plus même aux captives mortes;
Le voile qui la couvre et la cache à nos yeux,
Ne tombera qu'aux pieds du monarque des cieux,
Et sa douce parole, enivrante et profonde.
Ne retentira plus que dans un autre monde.

Mais l'aube a dissipé les soleils de la nuit:
Le couvent se réveille, et la foule, à grand bruit,
Déjà du temple saint inonde le portique;
L'airain a retenti sur le clocher gothique,
Et les portes s'ouvrant avec solennité,
Laissent voir le palais de la divinité:
Ce jour, le sanctuaire est orné de guirlandes;
On place sur l'autel de nombreuses offrandes;
Les fleurs, la pourpre et l'or s'enlacent en festons,
Des colonnes d'albâtre entourent les frontons;
Ce jour sous des lauriers toute tombe est cachée,

Et le parfum des fleurs dont la terre est jonchée,
Se mêlant aux parfums des cierges, de l'encens,
Embaume la pensée et transporte les sens.

Quelle lyre a frémi? D'où vient cette harmonie?
Est-ce la harpe d'or d'un sylphe ou d'un génie?
Est-ce du rossignol le chant mélodieux?
De la brise aux bosquets n'est-ce pas les adieux?
Non, ce sont des accords encore plus suaves,
Ce sont des chants plus purs, ce sont des airs plus graves.
C'est l'auguste *hosanna*, qu'un orchestre de voix,
En longs flots d'harmonie, adresse au roi des rois:
C'est le cantique saint que, dans ses jours de fête,
Répétait, à Sion, la harpe du prophète,
Le chœur des séraphins que des anges de paix,
D'innocence et d'amour, sous des voiles épais,
Redisent à l'écho de cette voûte antique,
Et que l'écho redit de portique en portique,
Jusqu'à ce que le bruit, faible, plus faible encor,
Tombe et meure, en vibrant, le long du corridor.

Cependant vers l'autel la victime parée
S'avance, d'un essaim de vierges entourée;
Un long voile de neige, aux plis mystérieux,
Dérobe ses attraits aux regards curieux.
Avide de la voir, une foule empressée
Admire et suit des yeux cette démarche aisée
Et timide à la fois, ce port aérien,
Cette grâce enfantine et ce touchant maintien,
Qui mêle à la grandeur l'humilité de l'ame,
Ineffable attribut de l'ange et de la femme.

Un silence profond, terrible, solennel

S'élève. Pour ouïr le serment éternel,
On dirait que les morts, de leur couche livide,
Lèvent leurs fronts poudreux, et, d'une oreille avide,
Attendent le moment où, pour aller à Dieu,
La vierge au monde vain jettera son adieu.

Attends encore, ô jeune fille,
Attends! le jour n'est pas venu :
Ton œil à peine s'ouvre et brille ;
Ce monde ne t'est point connu.
Attends que l'orage qui gronde
Sur ces flots où tu viens errer,
Soulève la vague profonde,
Et te jette aux gouffres de l'onde,
Comme une proie à dévorer.

O fleur, de larmes arrosée,
Tu dois encor t'épanouir :
Tu n'as pas perdu ta rosée,
Livré tes parfums au zéphir ;
Tu n'as pas vidé ta corbeille
Pleine des plus beaux dons du ciel,
Et de ta corolle vermeille
L'aiguillon de la jeune abeille
N'a pas enlevé tout le miel.

Quand du calice détachée
Ta couronne dans le vallon
Tombera, flétrie et séchée,
Sous le souffle de l'aquilon,
Loin de ce monde qui t'ignore
Tu poseras ton front lassé ;
Mais l'avenir te reste encore,

Ton astre n'est qu'à son aurore,
Ton règne n'a pas commencé.

Silence! Il n'est plus tems! l'Éternel la réclame!
Livrez, livrez aux vents, aux ondes, à la flamme
Cette lyre qui n'a que des sons de douleur :
Le luth des séraphins chantera son bonheur !..

Alexandre JULIA,
membre-résident.

***,

JE SUIS ROUSSILLONNAIS!

A M. Théodore ABADIE.

Air : *Du Dieu des bonnes gens.*

> « Il est si doux de parler de sa patrie!.. »
> (Florian.)

Bosquets fleuris, Ciel pur et sans nuage,
Pics élevés, vallons chers aux amours,
Du Roussillon tel est le paysage;
Il inspira le luth des Troubadours.
Brillant Paris, qu'importe qu'on t'encense!
L'ennui chez toi gâte l'esprit Français!
Tu ne vaux pas les lieux de ma naissance :
     Je suis Roussillonnais!

Dieu nous donna, lorsqu'il créa le monde,
Avec l'esprit, la valeur, la beauté :
Arago naît... Sa parole féconde,
De nouveaux cieux peuple l'immensité.
Son nom du tems craint-il la tyrannie?..
Clio l'inscrit au Panthéon français;
Et moi je dis, fier d'un si beau génie;
     Je suis Roussillonnais!

Non loin du Cap où la vague azurée [1]
Contre le roc se brise avec fracas,

[1] Au nord-ouest du *Cap Béarre* se trouve le Port-Vendres (*Portus veneris*). Non loin de la fut élevé jadis un temple a Vénus.

6*

Du sein des flots l'aimable Cythérée
Sortit un jour, riche de mille appas;
Les jeux, les ris volèrent sur ses traces...
Convenez-en, Praxitelles français,
Le Roussillon est le séjour des grâces :
  Je suis Roussillonnais!

Napoléon sur les champs de bataille,
De ma patrie admirait les enfans;
Bravant la mort que semait la mitraille,
Vers le danger ils couraient triomphans.
Leur part fut belle en ces jours de victoire;
Ils sont tous morts dignes du nom Français;
Avec orgueil je célèbre leur gloire :
  Je suis Roussillonnais!

Sur nos côteaux coule à flots l'ambroisie,
Qui, dans l'Olympe, enivre les faux dieux;
C'est d'elle, amis, que naît la poésie,
Voix dont les sons s'élèvent jusqu'aux cieux.
Aux vins fameux de Chypre, de Madère,
Joignez les vins Espagnols et Français,
Vieux *Rivesalte!* à tous je te préfère :
  Je suis Roussillonnais!

O Roussillon! mon vers patriotique,
Peut-être un jour digne de souvenir,
Grâce à ton nom, fléchira la critique,
Il est si doux de vivre en l'avenir!
Je t'ai chanté: les accords de ma lyre
M'ont fait connaître au Rossignol Français [1];
Plus que jamais je sens que je dois dire:
  Je suis Roussillonnais!

Joseph Sirven, membre-résident,
membre des Enfans du Caveau, etc.

[1] Béranger.

✳✳✳✳✳✳✳✳✳✳✳✳✳✳✳✳✳✳✳✳✳✳✳✳✳✳✳✳✳✳✳✳✳✳✳✳✳✳

UNE FÊTE.

ODE.

«Oh! songez vous pas fois que de faim dévoré,
« Peut-être un indigent dans les carrefours sombres
« S'arrête, et voit danser vos lumineuses ombres,
«Aux vitres du salon doré. »
(Victor Hugo.)

I.

«Oh! que te voilà bien, ma sœur! jamais soirée
«N'aura vu Thérésa plus belle et moins parée;
    « Laisse, que je t'admire encor!
«Ton front, où nulle perle aujourd'hui ne rayonne,
«Doux et pur, s'embellit à n'avoir pour couronne
    « Que tes soyeuses tresses d'or.

«Et maintenant regarde, et vois si ma toilette
«Avec fidélité de la tienne reflète
    « Le goût, la grace, les couleurs.
«Robe, ceinture, agrafe, en notre simple mise
«Tout se ressemble, tout; j'aime tant qu'on se dise
    « En nous voyant: voilà deux sœurs.

« Oh ! bien sœurs, et de l'être heureuses et ravies !
« Dieu voulut faire ensemble éclore nos deux vies ;
        « Chaque jour en devint plus beau.
« Ensemble au même sein, ensemble au bras d'un père,
« Au couvent, dans le monde ensemble, et, je l'espère,
        « Ensemble aussi dans le tombeau.

« Tels deux oiseaux des bois, sous le même feuillage
« Nés des mêmes amours, s'envolent du bocage,
        « Sans se quitter fendent les airs ;
« Tels deux humbles ruisseaux serpentant sous les mousses
« Mêlent avec bonheur leurs ondes, leurs voix douces
        « Jusqu'au vaste abîme des mers.

« Aussi, pour nos bouquets, vois, j'ai choisi deux roses
« Sur une même tige, au même point écloses ;
        « C'est bien les fleurs qu'il nous fallait.
« Des larmes du matin toutes deux arrosées,
« Elles ont en naissant bu les mêmes rosées
        « Ainsi que nous le même lait.

« Entends-tu ? maman vient : c'est l'heure de la fête !
« Oh maman ! qu'il m'est doux de ne voir sur ta tête
        « Ni bandeau, ni vains ornemens !
« Merci d'avoir comblé mon désir, ma folie !
« Merci d'avoir voulu, ce soir, être jolie
        « Sans plumes et sans diamans !

« Notre équipage est prêt, dis-tu ? percer la foule
« Dans ce riche landau si bruyant quand il roule !
        « Éclabousser avec fracas

«Des malheureux qu'on plaint! oh non! je t'en conjure,
«Ce sacrifice encor, maman; pas de voiture;
        «Allons, ta pelisse et mon bras.»

—Et déjà toutes trois dans la rue, avec joie,
Marchent en grelottant sous leurs manteaux de soie,
        Aux pâles clartés d'un fanal.
Où vont-elles? leurs piés, à les voir si rapides,
Courir blancs et légers sur les pavés humides,
        Semblent impatiens du bal.

II.

Non, ce n'est pas un bal qui vous fit, à cette heure,
Déserter en riant la paisible demeure
        Où coulent si doux vos loisirs.
Un bal, avec ses bruits, ses élans, ses délires,
Ne s'est jamais du ciel attiré les sourires;
        Et le ciel bénit vos plaisirs.

Non, ce n'est pas un bal. Point de mains qui s'enlacent;
Point de seins palpitans, point de couples qui passent
        Echangeant de muets aveux;
Ni taille qu'on étreint, ni soupir qu'on recueille,
Ni vierge que la valse, enivre, emporte, effeuille
        Comme la fleur de ses cheveux.

Non, ce n'est pas un bal. — L'hiver grondait; les glaces,
Comme un autre pavé s'étendaient sur nos places,
  Fesaient mieux goûter le chez-soi,
Et, sans pain, sans travail, sans toit qui le protége,
Plus d'un infortuné s'était dit sur la neige :
  « Oh! qui prendra pitié de moi!

« De ces riches hôtels où l'on a les mains pleines,
« Où le plus âpre hiver a de chaudes haleines,
  « Où, joyeux, l'on cause, l'on boit,
« Nos femmes vainement, pleurantes, presque mortes,
« Leurs enfans dans les bras, ont supplié les portes;
  « A nous la faim, à nous le froid!

« Dieu! tu n'es donc qu'un mot, qu'un rêve. » — Et cette plainte,
Ce triste et dernier cri d'une espérance éteinte,
  D'une lèvre lasse de fiel,
Pour qu'on les vit bientôt se tourner en louanges
Sont allés retentir dans vos cœurs, jeunes anges!
  Comme dans un écho du ciel.

Et, soudain, vous avez à ces pauvres, vos frères,
Versé vos dons pieux, vos épargnes austères,
  Le prix de tous vos colliers d'or;
Et vous avez voulu joindre, à l'aumône sainte
Qu'un bienfesant concert appelle en cette enceinte,
  Vos chants, autre richesse encor!

Car, vous portez en vous un trésor d'harmonies,
De larmes, de vertus célestes, infinies,
  Que vous épanchez de moitié;

Vous avez des talens pour la riche demeure
Et, pour le toit désert du pauvre, un cœur qui pleure,
Inépuisable de pitié.

Et lorsque, à votre aspect de notre ame élancées,
Volent autour de vous mille tendres pensées,
Oiseaux chantans devant le jour,
Vous baissez vos yeux bleus, confuses, sans comprendre,
Ce qui peut sur vos pas ainsi faire répandre
Tant de louange et tant d'amour.

Voyez, pourtant, voyez, dans la salle ébranlée,
Quelle foule choisie, à vos noms rassemblée
Accourt, s'étend de toutes parts !
Pour applaudir vos chants voyez que de mains prêtes !
Voyez ! c'est devant vous comme une mer de têtes
Aux flots scintillans de regards.

Et là, sous ces balcons avec joie accourue,
Quelle autre foule encor s'entassant dans la rue
Où des enfans dansent en rond !
C'est le pauvre... des yeux il couve la cassette ;
Chaque billet qui passe et grossit la recette
Ote une ride de son front.

« Sautez, sautez, enfans ! » dit-il « la salle est pleine ;
« Voyez ! aux mêmes lieux où nous glanions à peine,
« Quelle ample moisson aujourd'hui !
« Le riche compâtit à nos longues misères ;
« Il nous plaint, il nous aime, il voit en nous des frères,
« Enfans ! ce soir, priez pour lui. »

Ils priront !.. et pourtant, cœurs glacés que nous sommes !
Pour ne pas oublier qu'il existe des hommes
    A secourir, à consoler,
Il nous faut un spectacle, un concert, une quête
Qui, des roses au front, se travestisse en fête,
    Hélas ! pour nous le rappeler !

C'est là, dans une salle à grands frais décorée,
Qui d'arbustes en fleur parfume son entrée,
    De tapis couvre ses chemins,
Là, qu'au jour éclatant de vingt lustres en flammes,
Notre aumône, au milieu des brillans et des femmes,
    Tombe, orgueilleuse, de nos mains.

Ah ! nous n'allons pas, nous, le soir, dans les masures,
Consacrer à des cœurs tout saignans de blessures
    Les heures d'un pieux loisir ;
Vide de foi, notre ame est vide d'innocence
Et nous avons besoin d'être à la bienfaisance
    Poussés par l'attrait d'un plaisir.

Et vous, sans rien savoir des vanités du monde,
Vous rendez cette quête, aux malheureux féconde
    En y mêlant des chants si doux ;
Aussi, de nos transports, quand ces murs retentissent,
Ecoutez, que de voix, au dehors, vous bénissent,
    Seul hommage digne de vous !

Chantez ! votre talent admiré dans nos fêtes,
Ici, nous verse encor des notes plus parfaites,
    Plus douces au cœur oppressé ;

L'hymne qu'un rossignol exhale en traits de flamme,
En traversant les fleurs s'embaume, et, par votre ame,
On voit que vos chants ont passé.

Chantez! pour l'Eternel vos voix, sous ces portiques,
Ont la même douceur que les pieux cantiques,
Le soir, élancés du saint lieu;
Chantez! nos cris d'amour, nos soupirs, nos louanges
S'élèvent aussi purs à vous, ô sœurs des anges!
Que votre mélodie, à Dieu.

Et si le pauvre, hélas! ce pauvre dont la joie
Toujours en d'autres pleurs si promptement se noie,
Bientôt recommence à souffrir,
Chantez, chantez encore! et que votre voix tendre
S'envolant vers les cieux, en fasse redescendre
La manne qui doit le nourrir!

Pierre Batlle,
membre-résident.

MÉDITATION.

Chante! j'aime ta voix!.. Elle est douce à l'oreille ;
Oui, mon ame pensive à tes accords s'éveille,
Forte d'émotions, et plus calme à la fois.
Chante!.. mais doucement... seul ici je t'écoute.
Oh! charme un voyageur fatigué de la route :
      Chante, chante! j'aime ta voix!

Plus bas, plus bas encor... Cachons bien à l'envie
Qu'un même feu sacré nous brûle pour la vie...
Garde-toi d'attirer son terrible regard.
L'envie!.. oh! chante bas... j'ai connu sa puissance,
Pourrais-tu la braver, ô toi, dont l'innocence
      N'a pour vengeur que mon poignard?

Écoute!.. Si tu veux... un mot... elle succombe :
Car je sais un asile où sa puissance tombe,
Où l'homme ne craint plus les atteintes du sort,
Où l'espoir du réveil doucement nous endort.
Sèche tes pleurs, Jenny, cet asile est la tombe!..
      Que pour nous elle soit un port,

Mais ta voix s'affaiblit... une terreur soudaine...
Chante! ne vois-tu pas sur la rive lointaine
Un esquif que l'amour dirige vers ce bord ?
Il nous appelle, viens : pour briser notre chaîne
    Prenons le glaive de la mort.

Et que la mort est douce, alors qu'on meurt ensemble.
La mort! pourquoi trembler si sa main nous rassemble,
Si le même linceul doit un jour nous unir.
Volons vers d'autres bords... ici bas tout s'achève...
Jusqu'à ce qu'il soit dit que la pierre se lève...
    Qu'est-ce, dis-moi, que l'avenir?

Pour moi, la mort me plait; j'aime à la voir en songe
De son souffle glacé dissiper le mensonge,
Et préparer mon ame à l'immortalité;
. J'aime à sentir sa main abaisser ma paupière,
Et rêver qu'en mourant je franchis la barrière...
    Sur l'aile de l'éternité.

Ainsi je veux finir. Nos jours ne sont qu'un rêve,
Un rêve que le tems prolonge, puis achève,
Selon qu'il obéit aux caprices du sort.
Mais qu'importe, après tout, à l'homme qui médite
De fouler plus ou moins une terre proscrite?..
    Mourir... c'est arriver au port.

L. ANGOT,
membre-correspondant.

****

L'ANGE ET LE DIABLE,

A M. Frédéric THOMAS,

auteur d'une *Épître au Diable*, et d'une ballade intitulée le *Roi Arthus*,
pièce qui a remporté le prix aux Jeux Floraux, en 1834.

———

Air: *Il me faudra quitter l'empire.*

En songe, ami, m'apparaît mon bon ange:
«Holà» dit-il «digne enfant du *Caveau*,
«Chante! et des sots l'orgueilleuse phalange,
«Fuira vaincue au bruit de maint bravo...» (*bis.*)
Lors, tout joyeux, du lit je cours à table,
Je bois, je rime un cantique *sacré*... (*bis.*)
Hélas! mes vers ne valent pas le diable:
Mon ange, ami, m'a très mal inspiré. (*bis.*)

Vous, plus heureux, vous faites un doux songe,
Le diable est là qui vous dicte, et soudain,
Vous célébrez dans un riant mensonge
Le grand méfait d'Arthus le paladin. (*bis.*)
Aux jeux d'Isaure, où le bon goût vous venge,
A votre muse un prix est assuré. (*bis.*)
A table, au lit vous chantez comme un ange:
Le diable, ami, vous a bien inspiré. (*bis.*)

D'un vert laurier votre front se couronne;
Moi, j'applaudis à vos brillans succès,
Chantez! l'ennui tombera de son trône :
Esprit, gaîté seront toujours français.   (*bis.*)
Mais pour vos vers qu'offrirai-je en échange?..
Non, je ne puis vous louer à mon gré.   (*bis.*)
La faute en est à l'esprit de mon ange;
Le diable, ami, m'aurait mieux inspiré.   (*bis.*)

Joseph Sirven,
membre-résident.

****

LE NID ET LA ROSE.

Un soir — de la forêt prochaine
Déjà s'endormaient les chansons. —
Un soir, Germain, sur un vieux chêne,
Découvrit un nid de pinsons.
« Bon!» dit-il « voilà pour Isaure;
« Mais l'ombre gagne le chemin;
« Dans votre nid restez encore
« Oiseaux, adieu jusqu'à demain.»

Plus loin, c'est une fleur nouvelle,
Dont l'aspect le fait tressaillir. —
«La fraîche rose! encor pour elle!»
Dit-il «mais déjà la cucillir!
« Laissons aux feux d'une autre aurore
« S'entrouvrir son brillant carmin.
« Fleur qui n'es qu'un bouton encore
« Adieu! je reviendrai demain.»

La pourpre et l'or brillaient à peine
Au point du ciel où naît le jour,
Et, déjà, vers l'antique chêne
Germain courait ivre d'amour.

Il arrive... ô douleur mortelle !
Lucas, fuyant dans les buissons,
Vient d'enlever la fleur si belle
Et la famille de pinsons.

Or, d'Isaure vive et légère
Lucas, lui-même, était épris.
Il donna tout à la Bergère ;
Un baiser en devint le prix ;
Et, depuis, roses et nichées
Eurent beau, par Germain confus,
Être, soir et matin, cherchées, —
D'Isaure il subit les refus.

Amant qui me prêtes l'oreille,
Ne vas pas, si comme Germain
Tu peux prendre une fleur, la veille,
La laisser pour le lendemain ;
Attends, diffère, et tu l'exposes
A trouver parmi tes rivaux,
Un Lucas voleur de tes roses
Et dénicheur de tes oiseaux.

Pierre BATLLE,
membre-résident.

****

ÉPITRE

A Monsieur de Labouïsse-Rochefort,

auteur des amours à Éléonore (1822).

Tendre poëte, aimable auteur,
Amant et fortuné vainqueur
D'une *seconde Éléonore*,
O vous, dont la lyre sonore
Chante avec succès le bonheur,
L'amour, les nœuds du mariage,
Et les plaisirs qu'en son ménage,
Loin d'un monde vain et trompeur,
Savoure à longs traits le vrai sage,
Recevez ce sincère hommage
D'un faible élève de Panard,
Qui s'amuse, dès son jeune âge,
A rimer, sans peine et sans art,
Vaudevilles et chansonnettes
Pour nos modestes bergerettes
Et pour nos belles du bon ton,
Et dont la muse réjouie,
Étrangère à la triste envie
De posséder un grand renom,
Caresse l'austère raison,
Et badine avec la folie,
Préférant au sacré vallon
Les bois de Guide et d'Idalie,

Au laurier brillant du génie
Le myrte frais d'Anacréon...
En vers estimés d'Apollon,
Parny célébra sa maîtresse;
L'amour couronna sa tendresse,
Mais il en fut trahi, dit-on.
Ce Dieu, souverain de la terre,
Est vif, léger, capricieux,
Fait d'un seul mot la paix, la guerre,
Et rit des mortels et des Dieux.
Toutefois, changeant de système,
Devenu moins cruel pour vous,
D'un bien dont Zoïle est jaloux
Il dota l'objet qui vous aime
Comme personne n'aima mieux...
Oh! que ce bien est précieux!
Oui, la charmante *Eléonore*,
Conduite par le sentiment,
Jusques à sa dernière aurore,
Saura d'un feu doux et constant,
Réchauffer, ranimer encore
Le cœur de son époux-amant.
Ainsi le lierre se marie
Au chêne qui règne en nos bois;
Unis, ils bravent à la fois
Et des aquilons la furie
Et des hivers les dures lois.

Joseph Sɪʀᴠᴇɴ,
membre-résident.

✳✳✳✳✳✳✳✳✳✳✳✳✳✳✳✳✳✳✳✳✳✳✳✳✳✳✳✳✳✳✳✳✳✳✳✳✳✳✳

POURQUOI JE L'AIME.

> « Mais j'aime mieux encor, quand la cloche m'appelle,
> « Glisser comme un fantôme au seuil d'une chapelle
> « Que je n'ose nommer :
> « Il est si beau d'ouïr la prière fervente
> « Aux lèvres d'une vierge, ange pur, fleur vivante,
> « Eclose pour aimer ? »
>
> (Édouard Turquety.)

Si des jeunes beautés que ce doux bord rassemble
Nulle ne plaît comme elle à mon cœur, à mes yeux,
Si, dès qu'elle paraît, toutes, toutes ensemble
S'effacent comme, au jour, les étoiles des cieux;

A sa terrasse, ou bien au détour d'une rue,
Sous sa coquette ombrelle et son grand voile noir,
S'il ne faut, le matin, que l'avoir entrevue
Pour que mon pauvre cœur en batte jusqu'au soir;

Si tant d'hymnes secrets vibrent à sa louange
Dans mon ame; devant ces traits chastes et doux,
Si je me sens par fois, comme devant un ange,
Plein d'extase, tenté de tomber à genoux;

Si la rosée en pleurs diamantant la plaine,
Si la brise qui passe et sillonne les eaux,
Et du bois odorant secoue, à chaque haleine,
Des nuages de fleurs, des tourbillons d'oiseaux ;

Si le ciel se mirant dans un lac qu'il azure,
Si l'aube, à l'horizon, entr'ouvrant son œil d'or,
Si tout ce qui me rit le mieux dans la nature
Moins qu'un de ses regards me rassérène encor ;

Est-ce pour l'avoir vue, au grand rond des platanes,
En longs panaches blancs jouant dans ses cheveux,
Sous ses tissus d'Asie enlevés aux sultanes,
Sous son boa, trois fois l'enlaçant de ses nœuds ?

Pour l'avoir vue au bal, belle entre les plus belles,
S'abandonnant, joyeuse, à l'essor d'un valseur,
Qui pour fuir, en tournant, semblait avoir des ailes
Et l'emportait ainsi que le vent une fleur ?

Non, non ! depuis long-tems, pour moi, pauvre malade,
Que d'amères douleurs poussent vers le cercueil,
Plus de ces vains plaisirs : ni bal, ni promenade ;
Toujours l'isolement, la tristesse et le deuil.

Et, dans ces grands salons, éblouissants de flammes,
Où chacun, le cœur plein d'un amoureux désir,
Choisit sa fleur parmi des guirlandes de femmes,
Qu'irais-je faire, moi, qui ne dois plus choisir !

Moi, déjà de ma vie atteignant la limite!
Moi, prêt à déposer le bâton du chemin!
Moi qui, souvent, le soir lorsqu'un ami me quitte,
N'ose espérer assez pour lui dire : A demain!

Non! dans mon cœur noyé d'amertumes sans nombre,
Si je sentis, naguère, arriver son regard,
Comme sur le vallon, à la fin d'un jour sombre,
Tombe un rayon doré qui perce le brouillard ;

Si je l'admire tant, si j'éprouve pour elle
Un vague sentiment qui, sans être l'amour,
Plus doux que l'amitié, plus tendre, aussi fidèle,
Dans l'ombre de mon cœur brûle et croît chaque jour;

C'est qu'au pied de la croix, dans une sombre enceinte,
Un jour, elle apparut à mes yeux enchantés,
Mains jointes, à genoux, priant comme une sainte,
Et que je priai mieux, moi-même, à ses côtés.

Le prêtre dispensait, alors, l'eucharistie,
Pain de l'ame, qui sait en guérir les douleurs;
Je la vis relever son front devant l'hostie,
Puis, le baisser encore et répandre des pleurs.

Et, depuis ce moment, je la trouve plus belle;
Et plus de foi soutient mon cœur chargé d'ennui;
Et je rends grâce à Dieu qui, me rapprochant d'elle,
Voulut en même tems me rapprocher de lui.

P. BATLLE, membre-résident.

LE DEUIL.

—

Ainsi donc à l'éclair d'une brillante ivresse
L'orage des malheurs, la nuit de la détresse
Succède, et des mortels désenchante l'orgueil!
Ainsi s'évanouit l'erreur de l'espérance!
Et des vastes projets la superbe démence
S'humilie et s'éteint sous les crêpes du deuil!…

Songes d'une ame ardente et de gloire amoureuse,
Douces illusions, chimère ambitieuse,
Projets, espoir, adieu! je n'ai plus d'avenir…
Celui-là doit des arts mesurer la carrière
Qui peut de ses lauriers enorgueillir sa mère
Et léguer à des fils un brillant souvenir.

J'ai tout perdu, ma mère et mon fils et ma fille!…
Courbé sous les cyprès, j'évoque ma famille,
Et de mes tristes jours a pâli le flambeau.
Du poids de la douleur mon ame est oppressée :
De mes beaux jours éteints l'image retracée
Me soutient seul errant aux portes du tombeau…

Enfans infortunés, fugitive richesse,
Sur vos futurs beaux ans ma lointaine vieillesse
En espoir s'appuyait; que j'étais abusé!
Vous tombez, et je vis!... Noir des feux de la foudre,
Seul reste des forêts qu'elle réduit en poudre,
Tel le chêne fumant lève son front brisé.

Fallait-il donc?.. O Dieu! quel délire m'entraîne?
Dieu terrible, pardonne! A ta voix souveraine
Saisi d'un saint effroi, s'incline l'univers!
Et je t'interrogeais!... Du coupable murmure
Dans son cœur déchiré mourra l'indigne injure,
Mais instruis ma faiblesse à souffrir ses revers!

A.-J. CARBONELL,

decédé le 20 janvier 1834.

LA FILLE MADÉGASSE.

« On troque tous les jours un homme contre
« un cheval... Ces misérables vendent leurs en-
« fans pour un fusil, ou pour quelques bouteilles
« d'eau-de-vie.»

(*Lettres de Parny.*)

«O ma mère! pourquoi me conduire au rivage?
« Vois, les Blancs sont venus, les Blancs sont bien méchants!
« Que de fois sur nos bords, vomissant l'esclavage,
« Leur cruelle avarice a semé le ravage
  « Et le deuil dans nos champs!

« Dieux! s'ils fondaient sur nous! dans leur vaisseau captives,
« S'ils meurtrissaient nos bras sous des anneaux de fer;
« Si, repoussant nos pleurs et nos bouches plaintives,
« Ils déployaient aux vents leurs voiles fugitives
  « Pour repasser la mer;

« Que ferions-nous? là bas, dans leur île, égarées,
« Nous n'aurions plus de sœurs de la même couleur,
« Nous n'entendrions plus les chants de nos contrées
« De notre doux pays pour toujours séparées
  « Nous mourrions de douleur.

«Ah! fuyons, ô ma mère! ils suivent notre trace :
«Fuyons; rien ne pourrait nous sauver du trépas...
«Mais, hélas! les voici: Seigneurs, faites-nous grâce,
«Grâce, grâce, hommes blancs! à ce sol que j'embrasse
     «Ne nous arrachez pas!

«Prenez pitié de nous! c'est ma mère!... elle pleure!
«Aux champs de nos aïeux laissez-la revenir!
«Et moi, près d'elle aussi souffrez que je demeure,
«Pour que ma mère au moins ait à sa dernière heure
     «Une fille à bénir!

«C'est un objet sacré qu'une mère! ah! quels charmes
«Que de revoir la vôtre après tant de revers,
«Et de pouvoir enfin dissiper ses alarmes!...
«Ah! laissez-vous toucher! faites tarir mes larmes!
     «Brisez, brisez ces fers!

«Mais ma mère elle-même!... Elle livre sa fille!
«Ma mère! il est donc vrai! tu veux vendre ton sang!...
«Oh! non, c'est une erreur...mais l'or dans ta main brille!
«Eh! quoi, pour un peu d'or tu jettes ta famille
     «Aux caprices d'un Blanc!

«Et qui te nourrira? qui plaindra ta vieillesse?
«Qui sera désormais ton guide et ton appui?
«Qui veillera sur toi dans l'île où je te laisse?
«Qui te rendra l'enfant qu'une indigne faiblesse
     «Te fait vendre aujourd'hui?

« Ah ! puisses-tu du moins, sous ta hutte isolée,
« Ne regretter jamais ma tendresse et ma foi !
« Puissé-je, aux bords lointains où je vais exilée,
« Apprendre un jour qu'enfin ma mère consolée
        « Vit heureuse sans moi !

« Mais non, cède à mes pleurs ! il en est tems encore :
« Rends-leur, rends-leur cet or qui ne peut te nourrir !
« Qu'ils partent sans leur proie ! et toi, toi que j'implore,
« Ma mère, ouvre tes bras à l'enfant qui t'adore
        « Et qui veut y mourir ! »

Cependant le vaisseau, de la rive étrangère,
Avec son noir butin s'éloignait pour toujours ;
Et la vierge, à genoux, dans sa douleur amère,
Pleurait et répétait : ô ciel, bénis ma mère !
        Veille sur ses vieux jours !

Alexandre Julia,
membre-résident.

Octobre 1834.

****

L'ENNUI.

AUX ENFANS DU CAVEAU DE PARIS.

———

AIR: *Garde à vous!* (de la FRANCÉS.)

C'est l'ennui,
C'est bien lui :
Teint blafard, sot visage;
S'il parle, à son langage
L'on baille, puis encor
L'on s'endort,
L'on s'endort.
Un jour, dans sa colère,
Dieu le jeta sur terre :
Sifflons-le; c'est bien lui,
C'est bien lui, c'est l'ennui,
C'est l'ennui !   (*trois fois.*)

C'est l'ennui,
C'est bien lui;
Il sait changer de forme;
Il revêt l'uniforme
Comme l'habit de cour;
Tour-à-tour,
Tour-à-tour,
Il est cagot, sectaire,

Nouvelliste, antiquaire :
Sifflons-le ; c'est bien lui,
C'est bien lui, c'est l'ennui,
   C'est l'ennui !   (*trois fois.*)

   C'est l'ennui,
   C'est bien lui ;
Le tyran veut proscrire
La gaîté, le sourire,
Chloris qu'on fuit en vain,
   Et le vin
   Et le vin !
Dans le meilleur ménage
Il fait naître l'orage :
Sifflons-le ; c'est bien lui,
C'est bien lui, c'est l'ennui,
   C'est l'ennui !   (*trois fois.*)

   C'est l'ennui,
   C'est bien lui ;
En tous lieux il se glisse :
Le boudoir, la coulisse
Reconnaissent ses lois
   Quelquefois,
   Quelquefois!
Par lui l'académie
Est enfin endormie :
Sifflons-le ; c'est bien lui,
C'est bien lui, c'est l'ennui,
   C'est l'ennui !   (*trois fois.*)

   C'est l'ennui,
   C'est bien lui ;

Il prête au ridicule;
Avec notre férule,
Sur lui, non sans effort,
Frappons fort,
Frappons fort!
Aux pieds de la folie
Il tombera sans vie :
Sifflons-le; c'est bien lui,
C'est bien lui, c'est l'ennui,
C'est l'ennui!   (*trois fois.*)

Joseph SIRVEN,
membre-résident.

****

UN CHANT D'OISEAU.

RÉPONSE A M^r ......*.

> « Oh ! mêle ta voix à la mienne,
> « La même oreille nous entend,
> « Mais ta prière aérienne
> « Monte mieux au ciel qui l'attend. »
>
> (LAMARTINE.)

C'était le soir ; assis sous des feuillages verts,
Je chantais ; et pour nous, amans de l'art des vers,
Chanter (vous le savez) c'est, pensif, solitaire,
Un crayon à la main, réfléchir et se taire ;
C'est caresser des yeux tel mot du manuscrit,
Dans peu d'instans peut-être avec humeur proscrit ;
Enfin, c'est, à polir usant sa pauvre lime,
Se tuer, pour tâcher de se rendre sublime.
Nos fronts, par les sueurs, comme nos champs par l'eau,
Sont fécondés : ainsi l'a reconnu Boileau.

Or, tandis que suivant l'exemple du grand maître,

---

* Je m'étais permis, imprudemment, envers M^r ...... quelques conseils poétiques, dont il venait de me remercier en très beaux vers.

De mes pénibles vers je suais chaque mètre,
Que, sur dix mots écrits, neuf étaient effacés,
Neuf, et peut-être encor n'était-ce point assez,
A travers ces rameaux des pleurs du soir humides,
Un oiseau me jetait quelques notes timides,
Et moi, je lui disais : « Barde ailé de ce bois,
« Qui laisses, note à note, ici tomber ta voix !
« Fraîche, abondante et pure, à cette onde pareille,
« Ne peut-elle, à longs flots, couler pour mon oreille ?
« Ne l'éparpille plus ainsi ; que tes accents
« Descendent jusqu'à moi hardis, nombreux, puissants.
« Fais mieux ; descends toi-même et, loin de ce bocage,
« Viens, consens à passer quelques mois dans ma cage ;
« Là, je veux, exerçant ton gosier incertain,
« Te chanter, te siffler des airs, soir et matin.
« Le feuillage te cache en vain ; je te devine
« Aux faciles essais de cette voix divine ;
« Oui, sous notre ciel bleu, comme un ciel espagnol,
« Dieu te créa serin ; tu seras rossignol
« Si jusqu'au mois des fleurs ou des gerbes dorées
« Oubliant ton doux nid, tes forêts adorées,
« Ta compagne, tu viens, docile à mes leçons,
« Étudier sous moi l'art de filer des sons,
« Embellir ma volière et, sur ma serinette,
« De ton gosier captif régler la chansonnette.
« Oh, viens ! »

— Je me taisais à peine, et, dans les airs,
L'oiseau formait déjà d'harmonieux concerts ;
Ce n'est plus cette voix qui, timide, voilée,
N'avait pour me charmer qu'une note isolée ;
Elle jaillit puissante et féconde ; le cœur
Vibre comme l'oreille à son accent vainqueur.
De nos vierges priant sous les sacrés portiques
Moins suaves, moins purs, résonnent les cantiques,
Et jamais vers le ciel des sons plus ravissans

Ne montèrent mêlés de prière et d'encens !
Cette voix, par l'effet d'une habile imposture,
Semble des plus doux bruits semés dans la nature
Être l'écho vivant. Vagues plaintes des eaux,
Choc des feuilles, soupirs du vent dans les roseaux,
Des monts, des prés, des bois, musique indéfinie,
Tout ce qui sur la terre est voix, chant, harmonie,
Gazouillement, murmure, oui, tout est reproduit
Dans cet hymne divin jusqu'à l'ame conduit,
Toutes les autres voix se taisent pour entendre
Celle qui retentit si sublime et si tendre !

Et me voilà muet, étonné, confondu !
Et l'oiseau, de sa branche à mes pieds descendu,
En sautillant, tout fier de son humble plumage,
Semble me dire alors dans un dernier ramage :
« Eh bien ! sous ton ciel bleu, comme un ciel espagnol,
« Me crois-tu né serin ? »

— C'était un rossignol !

Pierre BATLLE,
membre résidens.

****

RÉFLEXIONS

MORALES ET PHILOSOPHIQUES.

A M. Armand GOUFFÉ.

———

Air *du Bouffe et le Tailleur.*

Imitant mon cher maître,
Je veux
Vivre ignoré pour être
Heureux.
Loin de la multitude,
Du bruit,
Recueillons de l'étude
Le fruit.

Trop volage fortune,
Grandeur,
Votre poids importune
Mon cœur :
De peu je me contente
Chez moi ;
Puis arrive qui plante,
Ma foi !

Julie aime, dit-elle,
Mondor ;

Mais elle n'est fidèle
Qu'à l'or.
J'embrasse ma maîtresse
Pour rien...
Son bien sera sans cesse
Le mien.

Le mérite modeste,
A pié,
Fait, on le sait de reste,
Pitié :
En carrosse un paillasse
Survient,
Et le sot plein d'audace
Parvient.

L'homme est à l'inconstance,
Constant :
Sondez sa conscience...
Néant !
Il sait changer de mise,
D'avis,
Tout comme de chemise,
D'amis.

Santé, douce folie,
Amours,
Embellissez ma vie
Toujours !
Soucis, fade étiquette,
Procès,
N'entrez dans ma retraite
Jamais !

Joseph SIRVEN,
membre-résident.

****

REMERCIMENT.

—

A Messieurs les Membres de la Société Philomatique.

Messieurs, daignez souffrir que je vous remercie
D'avoir fermé les yeux sur mon impéritie,
Et de m'avoir admis sans vouloir trop peser
Que jeune et sans talent c'était beaucoup oser
Que de prétendre ici demander une place !
Aussi je le redis, messieurs, je vous rends grace.

Puisqu'au moins une fois chacun doit prendre part
Aux travaux annuels divisés avec art,
Je devrai pour payer mon tribut de poëte
Ou de prose ou de vers étourdir votre tête !
Je le dirai, je crains que jugeant mon savoir
Vous ne soyez bientôt déçus dans votre espoir ;
C'est pourquoi m'avouant trop faible par avance,
Pour mes essais futurs je réclame indulgence.

Comme le frêle esquif qui s'en va tenter l'eau

Demande un bon pilote, un ciel riant et beau,
Une mer caressante, une légère brise,
Et non le vent qui gronde ou le flot qui le brise!..
De même les accords que va rendre mon luth
Demandent un appui pour leur premier début,
Un juge bienveillant, qui passe à leur jeunesse
Un défaut d'harmonie, un manque de justesse,
Et non le froid censeur, dont la sévérité
Irait sans nul égard montrer leur nullité!
L'indulgence est pour tous, et pour moi d'avantage
Qui de la plume encor n'ai pas acquis l'usage.
C'est plein de cet espoir que j'ai sollicité
Qu'à côté de vos noms le mien fut ajouté.
Heureux si je parviens, comme je le désire,
A pouvoir tous les ans faire vibrer ma lyre.

Napoléon LIOURES,
membre-résident.

****

MON ÉVÊQUE,

CHANSON MORALE, DÉDIÉE A M. DE BÉRANGER.

—

Air *d'Aristippe.*

...... « Un ange aux ailes d'or
« L'emporte au ciel dans le pan de sa robe. »
(BÉRANGER.)

De ce prélat la mémoire est bien chère
A nos dévots que sa main bénissait ;
Quel bon pasteur ! lorsqu'il parlait en chaire
La larme à l'œil le peuple applaudissait.
Elle a germé sa morale si belle,
Dans le palais comme sous le taudis :
Hommes de Dieu, prenez-le pour modèle,
Si vous voulez aller en Paradis.

Sans faste, à pied, quoiqu'il eût un carrosse,
Il visitait chaque jour son troupeau,
Son vieux bâton lui tenait lieu de crosse,
Pour mitre, amis, il avait son chapeau ;

Le luxe est vain : à ses devoirs fidèle,
Il le laissait aux cœurs abâtardis :
Hommes de Dieu, prenez-le pour modèle,
Si vous voulez aller en Paradis.

Dans tous ses points il suivait l'Évangile,
La tolérance accompagnait ses pas;
Il nous disait : « l'homme, hélas! est fragile;
« Quel est celui qui ne s'égare pas?...»
Il réchauffait par l'ardeur de son zèle
Les fils ingrats, les pécheurs refroidis :
Hommes de Dieu, prenez le pour modèle,
Si vous voulez aller en Paradis.

Il ramenait la paix dans les familles
Où la discorde agite son flambeau;
Après l'office, il permettait aux filles
D'aller danser, folâtrer sous l'ormeau.
Sur les mortels soumis à sa tutelle,
Il ne lança jamais des interdits :
Hommes de Dieu, prenez-le pour modèle,
Si vous voulez aller en Paradis.

A l'infortune il donnait un asile,
Juifs et Chrétiens recevaient ses bienfaits;
L'enfant-trouvé devenait son pupille...
Qui peut compter les heureux qu'il a faits?
Les Gibelins, les Guelfes, sous son aile,
Auraient vécu sans peur d'être maudits :
Hommes de Dieu, prenez-le pour modèle,
Si vous voulez aller en Paradis.

Il dut mourir, puisqu'il faut que tout meure!
Le peuple en deuil, de sa perte attristé,
Porta son corps jusqu'à cette demeure
D'où l'on renaît pour l'immortalité.
Quels souvenirs ce bon pasteur rappelle!...
On l'aime encor comme on l'aima jadis:
Hommes de Dieu, prenez-le pour modèle,
Si vous voulez aller en Paradis.

Joseph SIRVEN,
membre-résident.

****

PLUS DE CHANTS.

A DEUX ABSENTS.

> « Mais pourquoi chantais-tu ? »
> (LAMARTINE.)

I.

L'oiseau blessé dans le feuillage
    Quand il chantait,
N'ose plus charmer le bocage;
    Triste, il se tait.

Il craint trop, si sa voix s'éveille
    Avec douceur,
De guider vers lui, par l'oreille,
    L'œil du chasseur.

Pauvre oiseau! tout le bois s'enivre
    A l'écouter;

Il doit pourtant cesser de vivre
        Ou de chanter.

Eh bien! ce timide ramage
        Pour fuir la mort
Se taisant, du mien c'est l'image;
        Voilà mon sort.

Pour mon corps, d'une ame choisie
        Frèle prison,
Le nectar de la poésie
        Est un poison.

Chaque strophe, à l'aile de flamme,
        Peut, je le vois,
Vers le ciel emporter mon ame
        Avec ma voix.

Et pourtant, cet hymne va naître;
        Un hymne encor,
Un hymne, le dernier peut-être
        Qui prend l'essor.

Ah! j'ai perdu les cœurs intimes
        Qui, dans mon sein,
Savaient contenir de mes rimes
        Le fol essaim.

Je vis leur rapide équipage

Fuir..... mon regard
Long-tems, dans le poudreux nuage,
Suivit le char;

Et, depuis cette heure fatale,
     Triste, isolé,
Je suis, sur ma terre natale,
     Comme exilé;

Et, las des pleurs où je me noie,
     Les jours, les nuits,
Par ces strophes, j'ouvre une voie
     A mes ennuis.

Oui, ma voix s'éveille, se plie
     Au rythme ardent;
Oui, je chante, et sans que j'oublie
     En préludant,

Que l'oiseau dont l'hymne s'élève
     Peut du buisson
Tomber, même avant que s'achève
     L'humble chanson.

C'est que pour aimer une vie
     D'amers dégoûts,
Je me sens, aujourd'hui, Sophie!
     Trop loin de vous;

C'est que dans l'ame d'un poëte
        Las de malheur,
L'ivresse peut rester muette,
        Non la douleur.

Et puis, si je laissai, naguère
        A vos genoux,
Dormir, comme un verbe vulgaire,
        Mon chant si doux,

C'est qu'aux sons d'une voix que j'aime
        Je palpitais,
C'est qu'alors vous chantiez vous-même
        Et j'écoutais.

II.

Naissez, mes vers, c'est pour Sophie!
        Pour son époux.
Au vent du soir, je vous confie;
        Envolez-vous!

Allez, perçant l'âpre froidure,
        Dire à tous deux,
L'ennui, le tourment que j'endure,
        Séparé d'eux.

Allez! vos ailes arrosées
    De tant de pleurs
Secoûront ces douces rosées
    Sur leurs douleurs.

«Des vers que l'ami nous envoie!»
    —Va s'écrier
Sophie en ouvrant avec joie
    L'heureux papier.—

«Quel plaisir! quel bonheur! quel charme!»
    —Oui, l'air joyeux,
Sophie! et pourtant une larme
    Mouille vos yeux.

Ah! c'est que votre ame est saisie
    D'un souvenir;
Vous m'avez vu de poésie
    Prêt à mourir;

Et, pour moi, Sophie inquiète
    Craint un revers;
Tous deux vous aimez le poëte,
    Mieux que ses vers.

—Chanter, quand une ode insensée
    Doit exposer
Ton sein, écho de ta pensée,
    A se briser!—

Et que m'importe ! l'ame atteinte
    D'un noir souci
En voulant étouffer sa plainte
    Se brise aussi.

Que la mienne, cette ame veuve,
    Après l'adieu
Qui fut sa plus amère épreuve,
    Remonte à Dieu;

Car, je le sens, pour qui vous pleure,
    Il n'est de miel,
Désormais, qu'en une demeure,
    Et c'est au ciel.

III.

Non, non, ne fuyons pas ce monde !
    Un doux espoir
Luit encor dans ma nuit profonde;
    J'irai les voir !

J'irai, j'irai, tout m'y convie,
    Le cœur, les arts,
Dorer quelques jours de ma vie
    A leurs regards.

J'entends, déjà, la voix touchante
    Du clavecin,
Sophie! et le doux luth qui chante
    Dans votre sein.

Ces bois, ces ondes où se mirent
    De purs rayons,
Déjà, mes regards les admirent
    Sous vos crayons.

Déjà, votre art sous mes yeux place,
    Par les couleurs,
Ce mont géant, au front de glace,
    Aux pieds de fleurs.

Le jour, des courses aux prairies,
    Dans les ravins;
Le soir, nos lectures chéries,
    Vos vers divins.

Et puis, nous clôrons la paupière,
    Non sans avoir
Offert à Dieu notre prière,
    Encens du soir!

Nous aurons, pour lui rendre hommage,
    Tous en commun,
Trois cœurs reflétant son image,
    N'en fesant qu'un.

Oh! du départ, arrive, arrive
    Bienheureux jour !
Et toi, mon Dieu! fais que je vive
    Jusqu'au retour!

Pierre BATILE,
membre-résident.

Tableau indicatif

DES DONS FAITS A LA SOCIÉTÉ
En 1834.

(SECTION DE LITTÉRATURE ET BEAUX-ARTS).

DONATEURS.

MM. ABADIE Théodore.... Épîtres et Poésies mêlées.

CARBONELL (A.-J.)... Recueil de Poésies Roussillonnaises, in-12.

DE LABOUÏSSE-ROCHEFORT. Notice sur M. A.-J. Carbonell.

Promenade à Long-Champ.

Voyage à Trianon.

Voyage à St.-Léger.

Voyage à Rennes-les-Bains.

MAGLOIRE-NAYRAL.... Biographie Castraise.

Notices sur M. Ph. Albert et Mme Balard.

Rabelais a-t-il habité Castres?

VIGAROSY......... Recueil de Fables.

Liste générale

DES MEMBRES

DE LA SOCIÉTÉ PHILOMATIQUE

DE PERPIGNAN,

Le 1er Janvier 1835,

(SECTION DES SCIENCES, ARTS ET AGRICUCTURE.)

Président honoraire : M. F. ARAGO, O. ✳, secrétaire perpétuel de *l'Académie des Sciences,* etc.

Président : M. PARÈS, ✳, propriétaire, membre du Conseil-Général, etc.

Secrétaire : M. FARINES, pharmacien, membre de plusieurs académies et sociétés savantes.

Vice-Secrétaire : M. FRAISSE, marchand de cristaux, ancien élève du *Conservatoire des Arts et métiers*.

Trésorier : M. GROSSET, commissaire du roi près la Monnaie.

Archiviste : M. CROVA, professeur de mathématiques.

MEMBRES-RÉSIDENS.

MM. BÉGUIN, directeur de l'école normale d'enseignement mutuel.

FAUVELLE, mécanicien.

CAFFE, ingénieur de la ville.

SÈBE, ✻, conseiller de préfecture.

RIBELL, docteur-médecin.

JACOMET, propriétaire.

GOUGET, ✻, chirurgien-major du 47ᵉ.

TALAYRAC, géomètre.

DALBIÈS, AÎNÉ, entrepreneur de travaux.

PASSAMA, docteur-médecin.

GAFFARD, propriétaire.

GRANDO, officier de santé.

AYMAR, pharmacien.

ROLAND, ornithologiste.

BOUIS, pharmacien.

MEMBRES-CORRESPONDANS.

MM. Charles DES MOULINS, membre de plusieurs sociétés savantes, à Lanquais.

VÈNE, ingénieur des mines, à Carcassonne.

MM. Tournal, géologue, à Narbonne.

Marcel de Serres, professeur de géologie, à Montpellier.

Xatart, père, botaniste, à Prats-de-Molló.

Christol. Jul. (de), professeur d'histoire naturelle, à Montpellier.

Courp-Massota, médecin, à Banyuls-dels-Aspres.

Armonville, secrétaire du *Conservatoire*, à Paris.

Siau, ingénieur des ponts et chaussées, à Bordeaux.

Chapsal, curé à Trullas.

Boubée, géologue, à Paris.

Bastard, médecin, à Chalonnes.

Arvers, pharmacien militaire, à Bastia (Corse).

Poulain, chirurgien en chef de la division des Basses-Pyrénées, à Bayonne.

Pujade, ✳, médecin, à Arles.

Boisgiraud, professeur de chimie, à Toulouse.

Godde de Liancourt (le comte), président de la *Société universelle de Civilisation*, à Paris.

Julia-Fontenelle, secrétaire de la *Société des Sciences Physiques et Chimiques*, à Paris.

Thorent, employé à la douane, à Narbonne.

Dupuy, O. ✳, colonel d'état-major en retraite, à Toulouse.

Izern, memb. de plus. sociétés savantes, à Paris.

César-Moreau, directeur de la *Société de Statistique universelle*, à Paris.

Guyot de Fère, secrétaire perpétuel de la *Société d'Encouragement*, à Paris.

Denis de Saint-Antoine, président des relations intérieures de la *Société universelle de Civilisation*, à Paris.

CORRESPONDANS ÉTRANGERS.

MM. Cayrol, fils, chimiste, à Turin.
Llobet, géologue, à Barcelone.

.

(SECTION DE LITTÉRATURE ET BEAUX-ARTS.)

MEMBRES-RÉSIDENS.

MM. CAPDEBOS, *vice-président*, membre de la *Société des Beaux-Arts de Paris*.
Ferrus, principal du Collége de Perpignan.
Alzine, imprimeur.
P. Batlle, négociant.
F.-A. de Boaça, propriétaire, à Prades.
Andrew Covert-Spring, littérateur polyglotte, professeur au Collége de Perpignan.
Serny, professeur de rhétorique au Collége de Perpignan.
A. Julia, professeur au Collége de Perpignan.
Sirven, négociant, membre des *Enfans du Caveau de Paris*.
Petit, professeur de musique.
J. Jaubert de Réart, propriétaire, membre du Conseil d'arrondissement, etc.
D'Horbourg, directeur de l'école primaire supérieure de Prades.

MM. Cayrol, graveur, professeur de dessin.
Tastu-Jaubert, avocat.
Lloubes Napoléon, négociant.
Dulcat, avocat, membre de l'académie de Marseille.
Guiraud, peintre, professeur de dessin.

MEMBRES-CORRESPONDANS.

MM. Abadie Théodore, professeur, à Toulouse.
Vigarosy, homme de lettres, à Mirepoix.
De Laboüisse-Rochefort, homme de lettres, à Castelnaudary.
Cros, avocat, à Carcassonne.
Magloire-Nayral, homme de lettres, à Castres.
Diaz de Moralès, ancien député aux Cortès, à Marseille.
Vidal, lithographe, à Perpignan.
Xatart, fils (Jean), à Prats-de-Molló.
Salin (Alphonse), contrôleur de la Monnaie, secrét. génér. des *Enfans du Caveau*, à Paris.
Delestre, président de l'*Athénée royal*, à Paris.
Angot, homme de lettres, à Paris.

CORRESPONDANT-ÉTRANGER.

M. Ladron de Guerrera, chanoine et curé du *Retiro*, à Madrid.

RÉGLEMENT

DE
LA SOCIÉTÉ PHILOMATIQUE
DE PERPIGNAN.

Statuts constitutifs.

CHAPITRE PREMIER.

ARTICLE PREMIER.

La *Société Philomatique de Perpignan* s'occupe de tout ce qui est relatif aux sciences, belles-lettres, arts et agriculture.

ART. 2.

Elle s'interdit, expressément, toute discussion étrangère aux sciences, belles-lettres, arts et agriculture.

Art. 3.

La Société se compose d'un président honoraire,
de membres résidens et de membres correspondans.

Art. 4.

Le nombre de ses membres est illimité.

Art. 5.

Les fonctionnaires de la Société, sont :
Un président honoraire,
Un président,
Un vice-président,
Un secrétaire,
Un secrétaire-adjoint,
Un archiviste,
Un trésorier,
Un comité de rédaction composé de trois membres,
savoir : le secrétaire, et deux membres pris en dehors
du bureau.

Art. 6.

Ces diverses fonctions ne sont conférées que pour
un an.

Art. 7.

Les élections ont lieu sur un bulletin individuel
pour les trois premiers fonctionnaires, et sur un seul
bulletin pour les autres.
Les nominations ont lieu à la majorité absolue des

suffrages des membres présens : s'il y a égalité de voix, le plus âgé l'emporte : si un deuxième tour de scrutin devient nécessaire et qu'il soit sans résultat définitif, il est procédé à un scrutin de ballotage entre les deux membres qui ont réuni le plus de voix pour chaque fonction.

Art. 8.

Les membres sortant ne peuvent pas être réélus aux mêmes fonctions.

Art. 9.

Le président honoraire est élu à vie ; il peut être choisi hors du sein de la Société ; son élection doit réunir les suffrages des deux tiers des membres présens ; il n'est pas tenu de remplir les obligations imposées par l'art. 13.

Art. 10.

Toute personne qui désire être admise dans la Société doit adresser à cet effet une demande par écrit, ou bien être présentée par deux membres résidens ; dans les deux cas, la réception du candidat a lieu à la séance suivante, au scrutin secret et à la majorité absolue des suffrages des membres présens.

Art. 11.

Le compte-rendu des séances de la Société, et les travaux dont elle ordonne l'impression, sont publiés dans les journaux du département, par les soins du comité de rédaction.

Art. 12.

Aucune publication ne peut être faite au nom de la Société, si, au préalable, elle n'est approuvée par le comité de rédaction.

Art. 13.

Les membres résidens sont soumis à une cotisation annuelle de *six francs*, payable d'avance, dans le courant de janvier.

Statuts réglementaires.

CHAPITRE II.

Art. 14.

La Société se réunit le 1er et le 3e mercredi de chaque mois; les séances s'ouvrent à huit heures du soir. .

Art 15.

Chaque séance est ouverte par la lecture du procès-verbal de la séance précédente; elle est faite par le secrétaire ou le secrétaire-adjoint, et à leur défaut par un membre résident au choix du président.

Art. 16.

Le président et à son défaut le vice-président occupe le fauteuil; en leur absence, le doyen d'âge des membres présens préside la séance.

Art. 17.

Lorsque le président honoraire est présent, il est invité à occuper le fauteuil.

Art. 18.

Le président de la Société fait observer la police intérieure des séances; il veille au maintien et à l'exécution des réglemens. Il rappelle à l'ordre; néanmoins ce rappel ne peut être mentionné au procès - verbal qu'après que la personne inculpée a été entendue, si elle demande à l'être. Le président peut même, si le cas l'exige, suspendre ou lever la séance.

Art. 19.

Les étrangers à la Société peuvent assister à ses séances, pourvu qu'ils soient présentés par un membre résident.

Art. 20.

Le renouvellement du bureau a lieu le troisième mercredi de décembre de chaque année, afin que les nouveaux élus puissent entrer en fonctions le premier mercredi de janvier.

Art. 21.

Le renouvellement du comité de rédaction a lieu le premier mercredi de janvier.

Art. 22.

Les membres correspondans ont leur entrée aux séances, y ont voix délibérative, à moins qu'il ne soit question d'administration intérieure et d'emploi de fonds. Ils ne peuvent pas faire partie des fonctionnaires de la Société.

Art. 23.

Un tableau placé en évidence dans la salle des séances contient la liste de tous les membres de la Société. Cette liste est publiée tous les ans.

Séances publiques.

CHAPITRE III.

Art. 24.

La Société pourra se réunir en séance publique et extraordinaire ; l'époque des ces solennités et leur opportunité sera réglée ultérieurement et annuellement.

Administration.

CHAPITRE IV.

Art. 25.

Le Secrétaire est chargé spécialement de la rédaction du procès-verbal de chaque séance et de la correspondance courante. Il tient un registre des procès-verbaux adoptés par la Société ; il donne l'ordre du jour, après s'être entendu sur ce point avec les autres membres du bureau, dont il doit également prendre l'avis pour sa correspondance officielle.

Art. 26.

Dans la séance de décembre, avant les élections, le Secrétaire présente le résumé des travaux de la Société pour l'année expirée.

Art. 27.

Toute lettre répondue officiellement est renvoyée à l'Archiviste avec la minute de la réponse. Cette correspondance est conservée dans les archives de la Société, ainsi que les notes, mémoires qui y sont lus ; mais, au préalable, ces pièces sont revêtues du timbre de la Société.

Art. 28.

L'Archiviste est chargé de la conservation de toutes

ces pièces; il en tient un registre, où est inscrite la date de leur présentation, et qui sert de répertoire; . il tient un registre à part pour y noter les objets d'histoire naturelle, livres ou autres qui sont donnés à la Société, avec le nom du donataire et la date.

Art. 29.

Les membres de la Société ont le droit de prendre lecture des pièces déposées aux archives; ils ne peuvent les emporter qu'en fournissant un récépissé à l'Archiviste.

Art. 30.

Le Trésorier est chargé de la rentrée des cotisations; il est tenu de prévenir par écrit, au moins deux fois, les membres qui négligeraient de s'acquitter. Il tient un livre-journal où sont inscrites les recettes et les dépenses, avec leur nature; il propose le budget de l'année suivante à la séance du mois de décembre, après le compte-rendu du Secrétaire.

Art. 31.

. Aucune dépense ne peut être faite sans avoir été votée par la Société.

Art. 32.

Les membres correspondans peuvent devenir résidens, en se conformant à l'art. 13.

Art. 33.

Tout membre résident qui à la fin de l'année n'a

pas acquitté sa cotisation est sensé démissionnaire et, comme tel, rayé de la liste des membres de la Société, après, toutefois, qu'il a été invité par les membres du bureau à se conformer au réglement.

Art. 34.

Aucun membre démissionnaire ne peut réclamer le remboursement de sa cotisation versée.

Art. 35.

Les membres résidens et correspondans reçoivent un diplôme signé par quatre membres du bureau, et portant le sceau de la Société.

Art. 36.

En cas de décès d'un membre de la Société, une députation est envoyée au convoi funèbre et auprès de la famille.

Art. 37.

En cas de dissolution de la Société, les fonds en caisse sont distribués aux pauvres, le mobilier et les autres objets qu'elle possède, répartis entre les membres résidens.

La Commission chargée de la révision du réglement:

MM. Fraisse, aîné, Jaubert de Réart, Crova, Sirven.

ngramcontent.com/pod-product-compliance
ing Source LLC
gne TN
V022058180726

03LV00013B/257